PRA FAZER A DIFERENÇA

PRA FAZER A DIFERENÇA

Seu plano de ação para atuar em causas **socioambientais** ao redor do mundo

LUCAS PONDACO BONANNO

ALTA BOOKS
E D I T O R A
Rio de Janeiro, 2021

Pra Fazer a Diferença

Copyright © 2021 da Starlin Alta Editora e Consultoria Eireli.
ISBN: 978-65-5520-620-3

Todos os direitos estão reservados e protegidos por Lei. Nenhuma parte deste livro, sem autorização prévia por escrito da editora, poderá ser reproduzida ou transmitida. A violação dos Direitos Autorais é crime estabelecido na Lei nº 9.610/98 e com punição de acordo com o artigo 184 do Código Penal.

A editora não se responsabiliza pelo conteúdo da obra, formulada exclusivamente pelo(s) autor(es).

Marcas Registradas: Todos os termos mencionados e reconhecidos como Marca Registrada e/ou Comercial são de responsabilidade de seus proprietários. A editora informa não estar associada a nenhum produto e/ou fornecedor apresentado no livro.

Impresso no Brasil — 1ª Edição, 2021 — Edição revisada conforme o Acordo Ortográfico da Língua Portuguesa de 2009.

Erratas e arquivos de apoio: No site da editora relatamos, com a devida correção, qualquer erro encontrado em nossos livros, bem como disponibilizamos arquivos de apoio se aplicáveis à obra em questão.

Acesse o site www.altabooks.com.br e procure pelo título do livro desejado para ter acesso às erratas, aos arquivos de apoio e/ou a outros conteúdos aplicáveis à obra.

Suporte Técnico: A obra é comercializada na forma em que está, sem direito a suporte técnico ou orientação pessoal/exclusiva ao leitor.

A editora não se responsabiliza pela manutenção, atualização e idioma dos sites referidos pelos autores nesta obra.

Produção Editorial
Editora Alta Books

Gerência Comercial
Daniele Fonseca

Editor de Aquisição
José Rugeri
acquisition@altabooks.com.br

Produtores Editoriais
Illysabelle Trajano
Maria de Lourdes Borges
Thales Silva
Thiê Alves

Marketing Editorial
Livia Carvalho
Thiago Brito
marketing@altabooks.com.br

Equipe de Design
Larissa Lima
Marcelli Ferreira
Paulo Gomes

Diretor Editorial
Anderson Vieira

Coordenação Financeira
Solange Souza

Coordenação de Eventos
Viviane Paiva

Produtor da Obra
Caroline David

Equipe Ass. Editorial
Beatriz de Assis
Brenda Rodrigues
Gabriela Paiva
Henrique Waldez
Mariana Portugal
Raquel Porto

Equipe Comercial
Adriana Baricelli
Daiana Costa
Fillipe Amorim
Kaique Luiz
Victor Hugo Morais

Atuaram na edição desta obra:

Revisão Gramatical
Alessandro Thomé
Helder Novaes

Capa
Rita Motta

Diagramação
Joyce Matos

Ouvidoria: ouvidoria@altabooks.com.br

Editora afiliada à:

Dados Internacionais de Catalogação na Publicação (CIP) de acordo com ISBD

B697p   Bonanno, Lucas Pondaco
      Pra fazer a diferença: seu plano de ação para atuar em causas socioambientais ao redor do mundo / Lucas Pondaco Bonanno. - Rio de Janeiro : Alta Books, 2021.
      256 p. ; 16cm x 23cm.

      Inclui índice.
      ISBN: 978-65-5520-620-3

      1. Projetos socioambientais. 2. Organizações humanitárias. 3. Plano de ação - Trabalho. I. Título.

2021-4179   CDD 658.408
                  CDU 65.012.28

Elaborado por Odílio Hilario Moreira Junior - CRB-8/9949

ALTA BOOKS EDITORA
Rua Viúva Cláudio, 291 — Bairro Industrial do Jacaré
CEP: 20.970-031 — Rio de Janeiro (RJ)
Tels.: (21) 3278-8069 / 3278-8419
www.altabooks.com.br — altabooks@altabooks.com.br

Dedico este livro à minha mãe e ao meu pai (*in memorian*) por me mostrarem que a solidariedade e a justiça social são valores intrínsecos ao ser humano.

AGRADECIMENTOS

Em primeiro lugar, agradeço a todos meus familiares e amigos que contribuíram de alguma forma para que eu me tornasse uma pessoa constantemente insatisfeita com as desigualdades sociais. Sem isso, o propósito deste livro não faria tanto sentido para mim. Agradeço também, em especial, ao Eduardo Villela por me guiar nessa jornada, e a toda a equipe da editora Alta Books por acreditar e investir comigo neste projeto.

Ricardo Buonanni, Ilíada de Castro e Roseli Tardelli, gratidão! Meu engajamento social se deve muito ao que vocês três me ensinaram. Dra. Mariângela Simão e Cônsul Francisco Luz, é uma grande honra ter meu livro apresentado por vocês. Pouquíssimas pessoas no mundo entendem tanto de cooperação internacional como vocês! Ana Paula Maio Yoshino, muito obrigado pelo apoio e carinho. Isabela Bonanno Moraes, Luciano Simão e Cristina Sant'Anna, agradeço pelas excelentes orientações e ajudas técnicas.

Para escrever este livro, conversei e consultei muitas pessoas e, infelizmente, não terei espaço para citá-las aqui individualmente, mas todos aqueles que me concederam entrevistas merecem meu agradecimento especial. Em ordem alfabética: Alberto Silva, Andrea Sebben, Andréa Wolffenbüttel, Daniel Izzo, Daphne de Souza Lima Sorensen, Denis Larsen, Eduardo Mariano, Elaine Teixeira, Fábio Racy, Farhan Haq, Glauce Arzúa, Heloísa Capelas, Jéssica Paula, Luisa Gerbase de Lima, Marílio Wane, Natalia Da Luz, Patrícia Portela Souza, Rodrigo Português, Rosângela Berman Bieler e Vanessa Gazeta.

Parabéns pelos trabalhos que realizam! Tenho certeza de que as histórias e as experiências que vocês aceitaram compartilhar comigo serão inspiradoras e muito úteis para quem, assim como vocês, têm como propósito de vida fazer a diferença na vida de outras pessoas.

Sumário

	APRESENTAÇÃO	xi
	PREFÁCIO	xiii
	INTRODUÇÃO	1
1.	É possível ganhar dinheiro com projetos sociais?	7
2.	Construir um mundo melhor: seria esse o segredo da realização profissional?	25
3.	O que move as pessoas a trabalhar com causas sociais?	47
4.	Fazer a diferença requer formação e preparação	69
5.	Como escolher uma causa que combina comigo?	83
6.	Para onde ir: os destinos que mais precisam de ajuda humanitária	97
7.	Em qual instituição trabalhar?	117
8.	Qual é o perfil de profissional procurado pelas organizações humanitárias?	139
9.	O que você precisa saber para trabalhar e viver bem no exterior?	149
10.	Respeito, paciência e persistência	169
11.	Deixando um legado e partindo para outro projeto	189
12.	Como se readaptar após viver uma experiência no exterior?	203
13.	Aproveitando os aprendizados adquiridos	213
14.	Como começar a fazer a diferença já?	229
	ÍNDICE	233

APRESENTAÇÃO

Nesta conjuntura difícil em que vivemos, com pandemias, debate político polarizado e o ressurgimento de ideias obscurantistas, xenofóbicas e de rejeição aos ideais universais da humanidade em nosso país, este livro caiu em minhas mãos como um sopro de esperança. Escrito de maneira leve, didática e prática, este guia certamente será de grande valia para ajudar jovens profissionais brasileiros que desejam buscar vagas nesse crescente mercado de trabalho das causas sociais no exterior.

Convivi com o autor em Maputo por cerca de três anos, quando preparava minha tese de altos estudos do Instituto Rio Branco sobre a cooperação brasileira no combate à pandemia do HIV/Aids na África Austral, área na qual Lucas Bonanno então atuava. Éramos centenas de brasileiros trabalhando em diversas frentes em Moçambique naquela época, todos com seu trabalho reconhecido tanto pelas instituições moçambicanas a quem prestavam assessoria, quanto pelas instituições internacionais que os contratavam.

Temos profissionais de qualidade, com capacidade de adaptação e facilidade de trabalhar em áreas com recursos limitados. Somos criativos; somos solidários; sentimos grande empatia pelo outro; e somos humanos no trato. Essas são características essenciais aos profissionais nessa área. Continuei a conhecer excelentes profissionais brasileiros em projetos sociais na Tanzânia e no apoio aos refugiados na Jordânia, na Palestina, no Líbano, na Síria e no Iraque.

Tenho certeza de que aqueles que, com grandeza de alma e espírito aberto, queiram sair pelo mundo para fazer a diferença em algum projeto social nos lugares mais remotos e necessitados deste mundo terão neste livro uma ajuda essencial para serem bem-sucedidos. O trabalho no exterior traz para o profissional um amadurecimento real, ao permitir perceber o que os filtros das narrativas midiáticas da atualidade nos impedem. Estimulo a todos que venham fazer a diferença e demonstrar para o mundo que continuamos a ser um país solidário.

Francisco Carlos Soares Luz
Diplomata de carreira.
Serviu nas embaixadas do Brasil na Argentina, em Cuba, nos Estados Unidos, na África do Sul e em Moçambique. Foi encarregado de negócios na embaixada no Zimbábue; embaixador na República Unida da Tanzânia, Seicheles, Comores, e Reino Hachemita da Jordânia e representante do governo brasileiro junto à Comunidade da África Oriental. Em 2021, ocupa o cargo de cônsul-geral do Brasil em Lagos, Nigéria.

PREFÁCIO

Não é novidade para ninguém que vivemos em um mundo cada vez mais globalizado. Seja pelo lado bom ou ruim da questão, é fato que hoje há mais oportunidades para buscarmos um mundo mais conectado e integrado, em uma imensa rede que independe de nacionalidade, etnia, religião, identidade de gênero ou orientação sexual.

Todavia, os desafios do mundo contemporâneo são inúmeros, e os últimos anos vieram provar que, diante de cenários adversos que não poupam praticamente nenhuma nação do planeta, como o caso da pandemia de coronavírus, é mais importante do que nunca promovermos a união, o diálogo e a troca de conhecimentos e experiências entre países, comunidades e pessoas. Só assim seremos capazes de passar por essas crises — e por outros desafios globais que poderão surgir no futuro.

Uma das questões importantes no cenário de pandemia do coronavírus foi que aquilo que já não era bom no mundo ficou pior. Isso está exemplificado, por exemplo, no aumento da desigualdade, que já era um desafio de imensas proporções não apenas entre diferentes nações, mas dentro dos próprios países, inclusive nos ricos. A desigualdade, como sempre ocorre, expressou-se de formas diferentes ao longo da pandemia. Outro exemplo é a diferença nas taxas de mortalidade entre grupos étnicos, com minorias fortemente afetadas até em países de alta renda.

Também é preciso encararmos o fato de que eventos como a pandemia de covid-19 causam sequelas importantes que costumam levar o mundo todo a uma situação de piora em termos econômicos e do ponto de vista da desigualdade. Além do evidente impacto negativo na saúde das populações, a pandemia gerou uma desaceleração econômica forte. Por isso, é essencial buscarmos medidas de proteção social que possam minimizar esse impacto nas populações mais vulneráveis.

Essas vulnerabilidades evidenciam a importância do trabalho social na diminuição das desigualdades e na atenção aos problemas imediatos pelos quais as pessoas estão passando e que vivenciarão no futuro.

Em todo o mundo, durante a pandemia, o acesso à educação foi severamente afetado, com escolas fechadas e o ensino a distância funcionando de forma diferente de acordo com a situação socioeconômica das famílias dessas crianças. Houve um impacto relevante para as crianças em termos de acesso às escolas e a todos os graus de educação, e é vital pensarmos em como tais eventos podem afetar as oportunidades que elas terão quando chegarem à adolescência ou entrarem na idade adulta.

Situações assim exigem enfrentamento e ações ágeis e focadas para contenção de danos e diminuição de desigualdades. Embora as grandes organizações e instituições de cooperação internacional e os governos tenham um dever importante a desempenhar, torna-se cada vez mais evidente que o indivíduo tem um papel vital nesse processo de criação de um mundo mais igualitário, solidário e conectado.

Para todos aqueles que desejam fazer parte, de uma forma ou de outra, desse processo de desenvolvimento social, muitas vezes é imensamente proveitoso trabalhar fora do país de origem, em contato direto com pessoas, histórias e realidades muito diferentes. A diversidade de experiências pode trazer diversidade na forma de pensar, de enxergar problemas previamente ignorados e de definir novas formas de abordar essas questões e promover o desenvolvimento social.

Dar esse primeiro passo pode parecer desafiador, mas o trabalho feito por Lucas neste livro certamente esclarecerá as principais dúvidas que você possa ter sobre trabalhar com programas sociais no exterior. Ao ler as próximas páginas, você, leitor, poderá aprender sobre como iniciar e dar continuidade a projetos sociais no exterior — e os principais aprendizados que poderá extrair dessa experiência.

Boa leitura.

Dra. Mariângela Batista Galvão Simão
Diretora-geral assistente de Acesso a Medicamentos e
Produtos de Saúde da Organização Mundial da Saúde (OMS)

INTRODUÇÃO

"O que realmente conta na vida não é apenas o fato de termos vivido; é a diferença que fizemos nas vidas dos outros que determina a importância da nossa própria vida."

Nelson Rolihlahla Mandela
Joanesburgo, 18 de maio de 2002

Madiba, como era carinhosamente chamado o ex-presidente sul-africano Nelson Mandela, foi uma de minhas principais inspirações na África. Durante os três anos em que morei e trabalhei naquele continente, estive em vários eventos com sua esposa na época, a moçambicana e também ativista influente pelos direitos humanos Graça Machel, e cheguei a trabalhar com sua enteada-neta Josina Machel, filha de Graça com o falecido ex-presidente moçambicano Samora Machel, mas o tão desejado encontro com Madiba acabou não me sendo possível. Josina me disse que a saúde dele, que já passava dos 90 anos de idade, estava bem limitada, o que o impedia de participar de atos públicos e até mesmo de receber muitas visitas.

A força e a perseverança daquele que foi uma das maiores lideranças africanas nunca me saíram da cabeça. Até hoje, quando me deparo com dificuldades e conflitos relacionados aos meus trabalhos na área social, lembro que Mandela passou 27 anos preso (vários deles em uma cela de apenas 2m x 2,5m), e ao chegar à presidência, aceitou ter como vice um político do partido que tinha promovido o *apartheid* em seu país, e mesmo enfrentando muitos dramas pessoais, manteve-se fiel ao seu objetivo de conduzir a África do Sul à democracia. Ao contrário de outros revolucionários no mundo, Madiba cumpriu apenas um mandato como presidente e decidiu não seguir no poder. É muita resiliência para uma pessoa só, não é?

Conquistas sociais como as obtidas por Mandela, Prêmio Nobel da Paz em 1993, são raras, mas seguir seus ensinamentos e propagá-los em nosso dia a dia pode ser bem mais fácil do que você imagina, e é isso que demonstrarei neste livro. Quando escolhi estudar Jornalismo, tomei tal decisão com o propósito de dar voz aos menos favorecidos e combater a injustiça social, mas começar uma carreira com foco em coberturas de causas humanitárias e me mudar para a África foi a constatação de que esse desejo estava realmente sendo concretizado.

Ouvia com frequência aquela famosa frase "escolha um trabalho que você ame e não terá que trabalhar um único dia em sua vida", atribuída ao filósofo e sábio chinês Confúcio, e ficava com vontade de mudá-la um pouco para se encaixar perfeitamente ao meu lema profissional. Ela ficaria assim: "Escolha um trabalho na área social e não deixe de ajudar as pessoas um único dia em sua vida."

Não tenho nada contra nenhum outro tipo de trabalho e sei que dependo de muitos deles para garantir o meu bem-estar, mas sinto que é especial poder me dedicar diariamente a atividades que visam o desenvolvimento ou até mesmo a sobrevivência de outras comunidades e populações. Além de gratificante, atuar para instituições que buscam transformações sociais tem demonstrado ser um mercado bastante promissor e, provavelmente, o futuro da sustentabilidade econômica e social do planeta.

A partir de minhas experiências e das entrevistas que fiz com vários outros brasileiros que atuam em causas humanitárias e com especialistas no assunto, contarei os maiores desafios e prazeres relacionados aos projetos de impacto social. Trarei detalhes sobre minha experiência durante alguns anos vivendo e trabalhando no continente africano, em que houve situações de incompreensão, como quando percebi em Joanesburgo, na África do Sul, que os transportes públicos com vans (lotações) não costumavam embarcar brancos; e de tensão, quando fui orientado a não caminhar por algumas regiões de Moçambique sob o risco de pisar em minas terrestres explosivas. Mas, de maneira geral, minha vida no continente com uma das maiores diversidades étnica, cultural, social e política do mundo foi de muita alegria, aprendizado e admiração. A África me ajudou a compreender muito mais o Brasil do que o próprio Brasil.

Caso sua vontade também seja a de trabalhar com projetos sociais e ter uma experiência no exterior, você pode ter a certeza de que será uma fase absolutamente transformadora, pois esse tipo de ação amplia muito o nosso entendimento sobre o sentido da vida, nossas habilidades para se relacionar com outras pessoas e desenvolver empatia por elas, assim como nossa compreensão sobre os principais desafios humanos do presente e do futuro. Além de tudo isso, você perceberá que temos, sim, em mãos o poder de contribuir ativamente para fazer a diferença e melhorar as condições de vida de muitas pessoas do planeta, que é o mais importante.

Para levar até você detalhes sobre a realidade a ser encontrada nos trabalhos sociais, dividi este livro em treze capítulos e busquei entrelaçá-los com várias pequenas histórias e sugestões práticas sobre como se planejar para ter uma ótima experiência na área ou, quem sabe, construir uma carreira duradoura nesse setor. No Capítulo 1, explico o que são projetos sociais, como ganharam força no Brasil, como iniciei minha carreira como jornalista especializado em temas sociais, quais as diferenças entre trabalho voluntário e profissional na área social e como funcionam as empresas e instituições que se dedicam ao impacto social. Trago também algumas referências sobre as remunerações nas organizações humanitárias nacionais e internacionais.

No Capítulo 2, conto por que passei em Moçambique alguns dos melhores momentos de minha vida, discuto a relação entre felicidade e trabalhos sociais e apresento alguns dos principais sinais que nos sugerem quando estamos contentes ou descontentes profissionalmente. Com base nas escolhas profissionais de três brasileiros que têm feito a diferença em suas ações, no Capítulo 3 destaco algumas das motivações mais comuns que levam as pessoas a decidir trabalhar com causas humanitárias.

O Capítulo 4 é sobre como nos preparamos para um trabalho social no exterior. Enfatizo a importância da formação e do desenvolvimento de características socioemocionais fundamentais para quem deseja ser bem-sucedido nessa área. Nos Capítulos 5, 6 e 7, que são bastante integrados, abordo respectivamente o que fazer, para onde ir e em qual organização trabalhar. Para isso, apresento um teste que nos indica com qual causa social temos mais identificação e um levantamento que fiz no site de empregos da ONU, exemplificando as áreas e as regiões do mundo com mais vagas disponíveis. Listo, ainda, 35 outras grandes organizações internacionais bastante respeitadas e cujas oportunidades de empregos divulgadas por elas vale a pena acompanhar.

A partir das reflexões apresentadas na primeira parte do livro, o Capítulo oito tem por objetivo demonstrar algumas estratégias práticas para conseguir seu primeiro emprego na área social. Conversei com profissionais experientes nesse mercado, e eles me revelaram algumas atitudes que ganham pontos nos processos seletivos. Apresento quais são e também uma lista com os principais sites de divulgação de vagas para trabalhos voluntários e remunerados no Brasil e no exterior.

Nos Capítulos 9 e 10, o foco é principalmente a ajuda humanitária internacional. Descrevo como foram minhas adaptações e a de outros brasileiros a culturas bem distintas das quais estamos habituados no Ocidente e como tais desafios podem ser superados. É nessa parte do livro também que discuto a essência do trabalho social. Você entenderá por que o respeito, a paciência e a persistência são atitudes imprescindíveis de quem busca ser bem-sucedido nessa área. Essa compreensão passa também pelo que é abordado no capítulo seguinte, 11, cuja proposta é refletir sobre a percepção de que nossa contribuição para um determinado trabalho chegou ao fim e que está na hora de passar o bastão e partir para uma nova missão.

Na última parte, que compreende os Capítulos 12 e 13, busquei encontrar respostas para angústias que afetam muitas pessoas que passaram um tempo trabalhando e morando no exterior. Ou seja, por que é tão difícil regressar ao Brasil? Por que, mesmo após anos de retorno, ainda é comum nos sentirmos tão ligados ao país em que vivemos por alguns semestres ou mesmo meses? Diante dessas perguntas, descobri a existência de uma síndrome chamada de ferida do retorno. Descrevo os sintomas, como superá-la e como aproveitar todos os aprendizados adquiridos para partir para um novo projeto e continuar fazendo a diferença no Brasil ou em qualquer outra parte do mundo.

Desde que idealizei o projeto **Pra fazer a diferença** e passei a contar para amigos e colegas que atuam na área social, todos eles foram unânimes em afirmar o quanto teria sido importante ter tido contato com algo assim antes de começarem a trabalhar nesse setor. Concordo plenamente e confesso que muitas de minhas ações teriam sido diferentes e menos difíceis caso eu tivesse lido um livro como este.

Trabalhar com causas humanitárias é uma decisão de compaixão, honrosa e louvável, mas que requer, acima de tudo, empatia e respeito. Espero que as informações reunidas nas páginas a seguir te ajudem de alguma forma. Para obter conteúdos audiovisuais complementares ou entrar em contato comigo, acesse o site prafazeradiferenca.com.br e siga os canais do projeto nas redes sociais. Uma ótima leitura!

CAPÍTULO I
É possível ganhar dinheiro com projetos sociais?

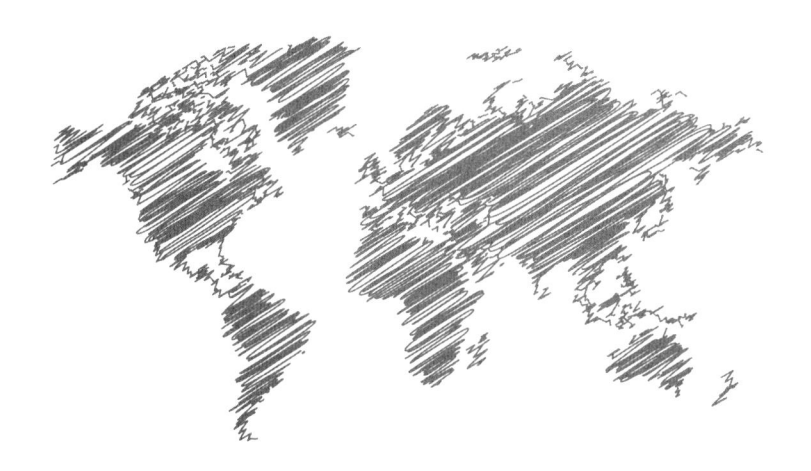

— Lucas, preciso falar com você amanhã cedo. Chegue um pouco antes ao escritório.

Era um fim de tarde de setembro de 2006 quando recebi essa mensagem de texto, via celular, da minha chefe na época, a jornalista Roseli Tardelli, editora-executiva da Agência de Notícias da Aids.[1] Há vários anos trabalhando com ela, eu sabia que conversas marcadas quase sempre eram

---
[1] Agência de Notícias da Aids. Disponível em: <https://www.agenciaaids.com.br>.

importantes. No momento em que li a mensagem, estava chegando em casa e corri para o computador. Acessei a internet e fui à página da agência para ver se encontrava alguma notícia bombástica. Abri também o e-mail para ver se havia indicativos sobre o motivo daquela conversa, mas não encontrei nada.

Apreensivo para descobrir as razões daquela reunião, fiquei ansioso e até um pouco tenso. Lembro-me de que não dormi muito bem naquela noite, mas acordei cedo e cheguei na agência no horário combinado com Roseli. Com alguns minutos de atraso, ela me ligou e disse para nos encontrarmos em um café na entrada principal do Conjunto Nacional — famoso condomínio na Avenida Paulista, em São Paulo, e onde está sediada a Agência Aids. Ao encontrar Roseli, ela foi direto ao ponto:

— Fui convidada para fazer um trabalho na África, mas não posso ir. Estou pensando em te indicar e acho que você deve ir!

A maioria das propostas e pedidos da Roseli tem esse tom um pouco imperativo, mas quem a conhece sabe que quase sempre vale a pena aceitar. Devido à aproximação do 1º de dezembro, Dia Mundial de Luta contra a Aids, ela estava mais atarefada do que o normal e me explicou que não poderia largar seus projetos em andamento e passar um tempo fora do Brasil.

No dia anterior a nossa conversa, Roseli havia sido convidada para prestar uma consultoria para o IRIN (*Integrated Regional Information Network*[2]), um serviço de comunicação que até 2015 estava ligado ao Escritório das Nações Unidas para a Coordenação de Assuntos Humanitários (OCHA).[3] Com financiamento da Agência Sueca de Cooperação para o Desenvolvimento Internacional, o IRIN, sediado em Nairóbi, no Quênia, também havia acabado de criar um canal de notícias na internet especializado em aids, o PlusNews, cujo escritório central ficava em Joanesburgo, na África do Sul.

---

[2] The New Humanitarian. Disponível em: <https://www.thenewhumanitarian.org>.

[3] Escritório das Nações Unidas para a Coordenação de Assuntos Humanitários. Disponível em: <https://www.unocha.org>.

Eles estavam procurando um jornalista que falasse inglês e português e que entendesse sobre aids, pois tinham acabado de criar uma editoria apenas sobre a África lusófona, ou seja, Moçambique, Angola, Guiné-Bissau, Cabo Verde e São Tomé e Príncipe (a partir de julho de 2010, Guiné Equatorial também estabeleceu o português como uma de suas línguas oficiais). A proposta exigia passar três meses morando em Joanesburgo para produzir reportagens e editar textos enviados por jornalistas das ex-colônias portuguesas na África.

Sem precisar refletir muito, aceitei o convite na hora. Embora financeiramente não fosse tão interessante, pois o pagamento da consultoria não incluía os gastos com as passagens internacionais, nem com hospedagem e alimentação na África do Sul, o que fazia com que o valor a ser recebido se tornasse quase igual àquele a ser gasto por lá, fiz jus ao famoso ditado popular que diz que "sonho não tem preço". Nesse convite em particular, se travava da realização de três sonhos de uma única vez. Aos 26 anos de idade, eu estava tendo a oportunidade de conhecer a África, trabalhar para a ONU e enriquecer meu currículo como jornalista especializado em temas sociais.

A Agência Aids foi meu primeiro trabalho na área social. Antes de ingressar nesse setor, estagiei alguns meses para o portal iG, fui produtor em um estúdio de dublagem e professor de teatro em uma escola infantil, mas foi na Agência que iniciei minha carreira como jornalista especializado em causas humanitárias.

Discussões sobre direitos humanos e exemplos de solidariedade, no entanto, sempre fizeram parte da minha vida. Meu pai, falecido em 1996 com apenas 39 anos de idade em decorrência de um acidente vascular cerebral (AVC), coordenou por quase 10 anos um projeto assistencial na Zona Norte de São Paulo. Em uma casa onde funcionava um centro espírita, ele, minha mãe e diversos amigos recebiam dezenas de crianças de uma favela próxima, localizada na Avenida Zaki Narchi, no bairro do Carandiru, e ofereciam a elas, além de afeto e carinho, alimentação, aulas de música, reforço escolar, consultas médicas, psicológicas e odontológicas.

Minha mãe, desde que eu me lembro, sempre esteve envolvida em trabalhos voluntários. Recordo-me bem das várias tardes em que ela ia ajudar a dar banho e comida para pessoas com paralisia cerebral no abrigo Fraternidade Irmã Clara (FIC)[4] ou quando recebia, em nosso pequeno apartamento, diaristas e funcionárias do lar para aulas de alfabetização. "É especial ver adultos aprendendo a ler e a escrever. Muitos deles já chegam com uma boa bagagem e só precisam de um pouco de orientação e prática", dizia ela, que é formada em Pedagogia e se aposentou como professora do Ensino Fundamental na rede pública estadual.

Foi com minha mãe que aprendi um conceito muito importante e que tenho carregado sempre comigo, que é a premissa de que, se estou certo não devo desistir, mas sim reivindicar meus direitos. Confesso que em diversos momentos não obtive tanto sucesso com esse princípio, ainda mais com o avanço da intolerância nos últimos anos, mas jamais o abandonarei e pretendo continuar passando-o para outras pessoas.

Meus tios paternos também foram bem influentes na minha formação sociocultural. Desde criança, raramente eles me presenteavam com brinquedos e outros objetos da moda. Arminhas ou espadinhas de plástico, nem pensar. As surpresas que vinham escondidas nas embalagens de papel quase sempre eram livros ou vales-convite para teatro, museu ou orquestra.

Em 1989, quando eu tinha 8 anos de idade, eles me levaram para um importante comício político em frente ao Estádio do Pacaembu. Tal evento, que reuniu diversas personalidades e lideranças pela luta pelos direitos humanos, além da presença de milhares de pessoas, foi a primeira vez que senti o quão contagiante é unir-se em massa para um propósito social. Naquela época, eu nem imaginava que me tornaria um grande interessado em causas sociais, mas hoje consigo perceber o quanto tudo aquilo foi fundamental em minha educação.

---

[4] Fraternidade Irmã Clara. Disponível em: <https://www.ficfeliz.org.br>.

Ações sociais como profissão

O Jornalismo e a Agência Aids, com certeza, tiveram papéis de destaque nesse meu processo de escolha para a área social, mas minha inquietação com relação às desigualdades surgiu bem antes, provavelmente na adolescência, quando comecei a estudar Teatro. Apresentações e leituras de peças de autores como Augusto Boal, Oduvaldo Vianna Filho e Bertolt Brecht despertavam dentro de mim a vontade de fazer algo que pudesse ajudar a enfrentar as injustiças sociais.

Durante vários anos, acreditei que meu principal trabalho na área social viria por meio das artes cênicas, mas buscando outras opções de carreira, acabei me encantando também pela arte da notícia. Recordo-me bem de um dia, quando ainda estava definindo qual curso escolheria para prestar o vestibular e me deparei com a seguinte frase do escritor George Orwell, nascido em 1903 na então Índia Britânica: "Jornalismo é publicar aquilo que alguém não quer que se publique. Todo o resto é publicidade."

Não sei o quanto frases fortes podem influenciar a tomada de decisões, mas me lembro de que, depois desse dia, passei a ter quase a certeza de que queria estudar Jornalismo. Não foi nada fácil fazer essa escolha. Cheguei até a realizar um teste vocacional, que me sugeriu ainda cursos como Direito, Geografia e História, mas como gostava de escrever, acabei optando mesmo pela profissão que me daria a possibilidade de publicizar grandes injustiças.

Em 2004, já como repórter da Agência Aids, produzi um texto com base em um comunicado da organização humanitária Médicos Sem Fronteiras (MSF)[5] que criticava a política de prevenção ao HIV defendida pelo então presidente norte-americano George W. Bush. Eleito pelo Partido Republicano, Bush defendia como princípio das ações contra a aids, apoiadas pelo governo dos Estados Unidos ao redor do mundo, uma política conhecida como ABC

---

[5] Médicos Sem Fronteiras. Disponível em: <https://www.msf.org.br>.

(*Abstinence, Be faithful and use Condom*), que pregava a abstinência sexual, a fidelidade e, apenas em último caso, o uso da camisinha.

Antes de publicar essa notícia, fui atrás de ouvir o outro lado. Liguei para a Embaixada dos Estados Unidos, em Brasília, e perguntei como eles gostariam de responder àquela crítica da MSF. Na época, a Agência Aids recebia um patrocínio da Agência dos Estados Unidos para o Desenvolvimento Internacional (USAID, na sigla em inglês),[6] que não gostou de termos dado visibilidade para o assunto. Meu contato com eles rendeu uma grande confusão, com algumas idas da Roseli a Brasília para discutir o problema, e meses depois acabou provocando a interrupção do apoio financeiro que recebíamos da USAID.

Se por um lado essa decisão da agência norte-americana acabou deixando a Agência Aids em uma situação financeira delicada por alguns meses, por outro, foi um grande exemplo para mim sobre qual deveria ser sempre a missão do jornalismo.

A Agência Aids, cuja criação detalharei mais adiante, surgiu com um propósito social, de independência editorial, e sempre foi assim. "Somos reféns de uma causa, e não do apoio financeiro dos anunciantes. Se tivermos que tomar posição, nosso lado será o das pessoas vivendo com HIV e aids", afirmava Roseli durante todo o processo de desentendimento gerado com a USAID.

Ao manter seu compromisso com a informação, ela demonstrara a todos os funcionários, colaboradores e leitores da Agência Aids que as notícias nunca devem ser vistas como mercadorias, mas sim como um meio de mostrar a realidade, mesmo que isso desagrade até os interesses dos patrocinadores.

Nesse meu primeiro emprego como jornalista, além de vivenciar bem a prática da profissão, passei a entender melhor o que eram os projetos com finalidades sociais, para que serviam e quais as diferenças entre eles. De forma bem objetiva, os projetos sociais podem ser definidos como iniciativas que

---

[6] United States Agency For International Development. Disponível em: <https://www.usaid.gov>.

visam proporcionar a melhoria da qualidade de vida das pessoas. Gosto de pensar nesse conceito desmembrando suas palavras.

Ou seja, segundo o dicionário de Aurélio Buarque de Holanda,[7] "projetar" significa atirar longe, arremessar. Portanto, trata-se de algo que pode ser lançado para a frente ou para o futuro. E "social" se refere ao que é próprio da sociedade. Assim, podemos definir os projetos sociais também como ações que visam o futuro das sociedades.

Os projetos sociais geralmente surgem do desejo de mudar uma realidade. Eles podem ser criados por indivíduos, grupos de pessoas, governo, empresas, universidades, organizações religiosas ou por qualquer outro tipo de instituição. A Agência Aids nasceu a partir da vontade da Roseli de contribuir com o enfrentamento dessa doença. Trata-se de uma iniciativa individual e privada com fins sociais.

Para a produção deste livro, tentei pesquisar de várias formas algum número que indicasse a quantidade de projetos sociais existentes no Brasil, mas não foi possível. É que tal atividade se dá muitas vezes de forma informal ou até mesmo sem continuidade, como as ações solidárias feitas por grupos de amigos nas ruas, pelas igrejas, associações comunitárias etc.

Aquele trabalho que meus pais faziam para as crianças da Favela Zaki Narchi era um projeto social, assim como os programas governamentais Bolsa Família; Criança Feliz; Minha Casa, Minha Vida; e o Programa Nacional de Incentivo ao Voluntariado. Os projetos sociais também envolvem as ações das Organizações Não Governamentais (ONGs), das Nações Unidas, das organizações humanitárias etc. O Comitê Internacional da Cruz Vermelha, por exemplo, desenvolve centenas de projetos sociais em mais de noventa países.[8]

---

[7] FERREIRA, A. B. H. *Míni Aurélio — O dicionário da língua portuguesa*. 7. ed. Curitiba: Positivo, 2008.
[8] Comitê Internacional da Cruz Vermelha. Disponível em: <https://www.icrc.org/pt>.

O crescimento do terceiro setor no Brasil

Ao pesquisar sobre projetos sociais, descobri que a ajuda ao próximo como prática institucional e em grupo tem fortes laços com a religião. Na maioria dos países ocidentais, a Igreja tem grande participação nesse sentido, orientando durante séculos a conduta moral de seus féis nos preceitos bíblicos da caridade. No Brasil, essas práticas intensificam-se a partir do século XVIII, mas estavam quase sempre associadas a ações isoladas e de caráter voluntário. Apenas com o fim do Império, período em que o Brasil foi governado pelos monarcas D. Pedro I e D. Pedro II, e a chegada da República, no final do século XIX, é que começou a ser fortalecida no país a presença do Estado no campo da assistência social.[9]

Outros momentos marcantes para a história das ações sociais no Brasil, estes bem mais recentes, foram a Constituição de 1988, que passou a tratar dos objetivos da assistência social, isentando de vários impostos as entidades beneficentes e filantrópicas; e a regulamentação das Organizações da Sociedade Civil de Interesse Público (OSCIPs) por intermédio de uma lei federal em 1999. Com essa regulamentação, o terceiro setor passou a ter grande participação no desenvolvimento de projetos sociais.

O **terceiro setor**, termo que usarei com frequência neste livro, refere-se às instituições sem fins lucrativos e que prestam serviços de caráter público sem vínculo com o governo, como as fundações e as Organizações da Sociedade Civil (OSCs), também chamadas de Organizações Não Governamentais (ONGs). No Brasil e no restante do mundo capitalista, a sociedade recebe apoio de três diferentes setores: o primeiro setor, que é o poder público, ou seja, o governo; o segundo setor, que são as empresas que geram lucro; e o

---

[9] SANGLARD, Gisele. Filantropia e assistencialismo no Brasil. Hist. cienc. saúde — Manguinhos, Rio de Janeiro, set./dez., 2003, vol. 10, n. 3. Disponível em: <https://www.scielo.br/scielo.php?pid=S0104-59702003000300017&script=sci_arttext>.

terceiro setor, que são as ONGs e OSCs. Na prática, o terceiro setor executa ações que o primeiro setor deveria estar realizando.

De acordo com o Mapa das Organizações da Sociedade Civil,[10] documento produzido pelo Instituto de Pesquisas Econômicas Aplicadas (IPEA) e atualizado com frequência, estavam registradas no Brasil, em agosto de 2021, aproximadamente 816 mil OSCs. A maioria delas (47%) atuava na área de desenvolvimento social e defesa de direitos, seguida por ações de caráter religioso (20%) e de educação e cultura (12%).

Em 2017, o Brasil registrava aproximadamente de 7,4 milhões de pessoas atuando de alguma forma em trabalhos voluntários, de acordo com o Instituto Brasileiro de Geografia e Estatística (IBGE).[11] Isso significa que 1 em cada 23 brasileiros, aproximadamente, dedicava parte do seu tempo e conhecimento em iniciativas sociais sem qualquer tipo de recebimento financeiro.

O trabalho voluntário refere-se justamente a atividades não remuneradas que têm objetivos cívicos, culturais, educacionais, científicos, recreativos ou de assistência social para instituições sem fins lucrativos. Muitas pessoas que realizam trabalho voluntário recebem ajuda de custo para pagar suas despesas, mas tal pagamento deve ser mesmo para essa finalidade.

Em diversos casos, principalmente quando envolvem estadias no exterior — atividade que ficou conhecida também como **voluntarismo** —, a pessoa pode até ter que arcar com alguns gastos. Isso acontece porque vários programas precisam de ajuda e não têm nem condições de custear totalmente a acomodação e alimentação dos voluntários.

O voluntariado ou voluntarismo, no entanto, é apenas uma das várias possibilidades de atuação em projetos sociais. Na Agência Aids, embora eu tenha participado de várias ações de forma voluntária, sempre recebi salário.

---

[10] Mapa das Organizações da Sociedade Civil — IPEA. Disponível em: <https://mapaosc.ipea.gov.br>.
[11] IBGE. *Pesquisa Outras Formas de Trabalho — 2017*. Disponível em: <https://biblioteca.ibge.gov.br/visualizacao/livros/liv101560_informativo.pdf>.

O mesmo ocorreu nos diversos projetos em que estive envolvido na África do Sul e em Moçambique, onde recebia em dólares como consultor da ONU. Apesar de meu salário ser menor que o da maioria dos brasileiros que lá estavam para trabalhar em diferentes áreas da engenharia ou com a exploração de recursos naturais, por exemplo, era maior do que se costuma pagar a jornalistas experientes e especializados no Brasil até hoje.

Ainda segundo o Mapa das Organizações da Sociedade Civil, aproximadamente 2,3 milhões de brasileiros tinham vínculos formais de trabalho com OSC em 2018. O portal salario.com.br,[12] que divulga periodicamente dados do mercado de trabalho brasileiro com base em dados da Secretaria da Previdência e Trabalho do Ministério da Economia, informou que, em junho de 2021, os ganhos médios salariais de um diretor de ONG eram de R$8.193,50 mensais para uma carga de trabalho semanal de 41 horas.

Os valores dos salários no terceiro setor podem variar bastante, levando em conta fatores como formação e experiência de cada profissional e condições econômicas da instituição envolvida. Associações comunitárias e ONGs com atuação apenas no Brasil tendem a pagar menos do que os projetos de responsabilidade social vinculados às grandes empresas.

Hoje, segundo sites que divulgam vagas no setor e em uma sondagem que fiz com amigos e conhecidos que trabalham na área, diretores executivos chegam a ganhar mais de R$30 mil por mês no Brasil trabalhando para o terceiro setor, enquanto que gerentes e analistas de projetos, por exemplo, ganham por volta de R$15 mil e R$8 mil, respectivamente.

Nas Nações Unidas, os salários de profissionais que estão iniciando variam de aproximadamente US$3 mil a US$6,6 mil por mês, dependendo do cargo e da quantidade de dependentes da pessoa contratada. Entre aqueles que já estão no sistema ONU há mais de 5 anos, por exemplo, os salários fi-

---

[12] Diretor de ONG (Organização Não Governamental) — Salário 2020 e Mercado de Trabalho. *Salário*, 2020. Disponível em: <https://www.salario.com.br/profissao/diretor-de-ong-organizacao-nao-governamental-cbo-131105/>.

cam por volta de US$5,6 mil a US$8,8 mil por mês; e para aqueles com mais de 10 anos na instituição, entre US$9,9 mil e US$10,3 mil.[13]

Além de bons salários, os contratados da ONU costumam receber subsídios para pagamento de aluguel no exterior, bolsas de estudos para os filhos e custeamento das despesas de viagem e mudanças de um país para o outro enquanto estiverem na instituição.

Fora do sistema ONU, os valores também variam bastante, sendo que empresas de negócio social tendem a pagar mais do que organizações humanitárias, que, por sua vez, tendem a pagar mais que associações comunitárias com atuação apenas local. Em 2009, quando assinei meu último contrato como consultor da ONU em Moçambique, eu recebia US$3,5 mil mensais, já com todos os impostos descontados. Hoje, amigos que ocupam cargos parecidos com o meu, de gerenciamento de projetos, ganham entre US$4 mil e US$4,5, mil e diretores de organizações têm ganhos que ultrapassam os US$10 mil por mês.

Em 2007, quando analisou a importância do terceiro setor na economia brasileira, o IBGE observou uma participação oficial de 1,4% das OSCs na formação do Produto Interno Bruto (PIB), o que representava aproximadamente R$32 bilhões — valor bastante superior às despesas com pessoal no estado de São Paulo, por exemplo.

A Prime Talent, consultoria de seleção e treinamento de profissionais sediada em São Paulo, também realizou um estudo sobre o terceiro setor.[14] Nessa pesquisa, desenvolvida entre 2016 e 2017, foram entrevistados 50 profissionais remunerados e voluntários, entre eles gerentes, diretores e presidentes, que atuavam tanto na iniciativa privada quanto em OSCs, e uma das princi-

---

[13] Pay and Benefits. *United Nations*, 2020. Disponível em: <https://careers.un.org/lbw/home.aspx?viewtype=SAL>.
[14] BRAGA, David. *Terceiro Setor — Particularidades, desafios, oportunidades, empregabilidade e tendências*. [S.I] Prime Talent. Disponível em: <http://primetalentbrasil.com.br/novo/wp-content/uploads/2018/05/Prime-Talent-Pesquisa-Terceiro-Setor.pdf>.

pais constatações foi a de que o terceiro setor será uma importante fonte de empregos nas próximas décadas.

Isso deve ocorrer principalmente por conta dos estímulos referentes à Agenda 2030, antes conhecida como Agenda de Desenvolvimento Sustentável. Esse compromisso político assinado por vários países, incluindo o Brasil, traça 17 objetivos práticos e claros para o desenvolvimento sustentável do planeta e 169 metas para erradicar a pobreza no mundo.[15]

Diante de todos esses números, o que eu gostaria de destacar é que o terceiro setor pode, sim, ser uma ótima oportunidade profissional se você deseja trabalhar na área social e não abre mão de construir uma carreira sólida e receber salários equivalentes aos do mercado em geral. Além disso, trata-se de uma excelente alternativa para quem quer contribuir diretamente com a diminuição da desigualdade econômica no Brasil e no mundo.

Negócios de impacto social

O relatório *A distância que nos une*,[16] divulgado pela organização internacional Oxfam, demonstrou que as 63 pessoas mais ricas do mundo concentravam, em 2017, a mesma riqueza que as 3,5 bilhões de pessoas mais pobres do planeta. Você consegue imaginar o que é isso? No Brasil, esse cenário, infelizmente, não é muito diferente. Apenas 6 brasileiros têm a riqueza equivalente ao patrimônio dos 100 milhões de brasileiros mais pobres. Se somarmos a riqueza total da população do país, os 5% mais ricos têm o equivalente aos outros 95%.

---

[15] Transformando nosso mundo: a Agenda 2030 para o desenvolvimento sustentável. Nações Unidas. Disponível em: <https://nacoesunidas.org/pos2015/agenda2030/>.

[16] GOMES, Rafael, MAIA, Katia. *A distância que nos une: um retrato das desigualdades brasileiras.* Oxfam Brasil. São Paulo: Brief Comunicação, 2017. Disponível em: <https://www.oxfam.org.br/um-retrato-das-desigualdades-brasileiras/a-distancia-que-nos-une/?gclid=Cj0KCQjwp4j6BRCRARIsAGq4y-MEVDbdHlDgin7IJfUR7Ks4N48wDueV-cZk55e-FrdPgr7PMXYrwu2EaAv68EALw_wcB>.

Embora esses dados sejam bem desanimadores, é fundamental termos em mente que é possível, sim, ganhar dinheiro trabalhando ou investindo em projetos sociais. Há alguns anos, eu já tinha essa percepção, mas passei a ter certeza após assistir em 2017 o documentário *Um novo capitalismo*, dirigido por Henry Grazinoli e idealizado por Antônio Ermírio de Moraes Neto, que, como revela seu nome, é neto do falecido Antônio Ermírio de Moraes, ex-presidente do Grupo Votorantim e que já foi considerado um dos homens mais ricos do mundo.

Seguindo os caminhos do avô, Moraes Neto decidiu que se tornaria um empreendedor, mas passou a pensar em possibilidades que gerassem impactos sociais positivos. "Qual legado a gente quer deixar para o mundo? Que tipo de sociedade a gente quer construir para ser mais sustentável e mais inclusiva?", pergunta o empresário ao defender essas ideias.

Formado em Administração Pública pela Fundação Getúlio Vargas (FGV) com especializações na Universidade da Califórnia e no Babson College, nos Estados Unidos, Moraes Neto criou, em 2009, com Kelly Michel e Daniel Izzo, a Vox Capital.[17] Sediada em São Paulo, essa é uma das primeiras e principais gestoras de investimentos de **impacto social** do Brasil. Apoia financeiramente negócios que criam soluções para os problemas da população de baixa renda e tem conseguido obter um retorno de aproximadamente 26% ao ano.

A maneira mais fácil de entendermos esse modelo de negócio é sabermos que ele tem dois objetivos que não se contrapõem: retorno financeiro e impacto social. No modelo de negócio tradicional, as instituições visam basicamente um ou outro objetivo, mas a Vox Capital, por meio das empresas em que escolhe investir, mostra que é possível obter os dois. "A gente compra uma parte dessas empresas, cerca de 20% a 30%, quando elas ainda são pequenas, e anos depois, quando elas deslancham e começam a valer muito mais, nós vendemos essa parte e ficamos com o lucro", explica Daniel.

---

[17] Vox Capital. Disponível em: <https://www.voxcapital.com.br/>

Modelo de Negócios tradicional

Lucro ⬅ ou ➡ Impacto Social

Modelo de Negócios social

Lucro ➡ e ⬅ Impacto Social

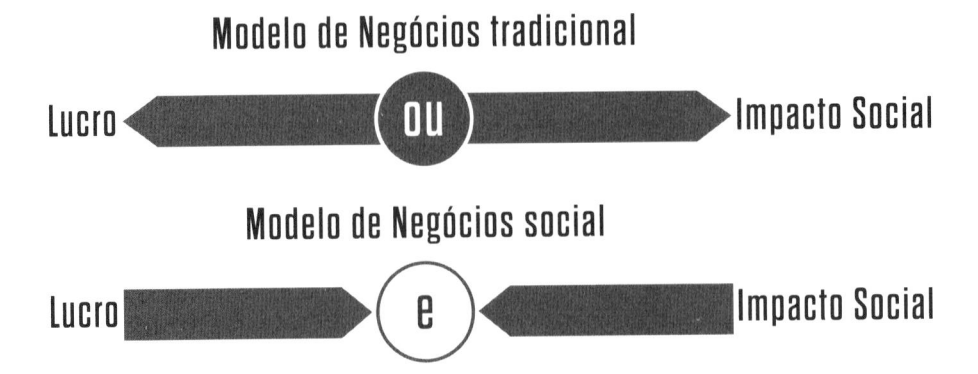

Nascido na cidade de São Paulo em 1976, Daniel também se formou na FGV, mas em Administração de Empresas, e fez MBA na HEC Montreal — conhecida em francês como *École des Hautes Études Commerciales de Montréal*. Com uma carreira de dar inveja a muitos executivos, Daniel conta que, no início de 2007, se viu diante de uma grande crise pessoal. "Parou de fazer sentido para mim trabalhar simplesmente para gerar mais receitas e lucros para os acionistas", diz.

Ao lado do prédio onde fica a representação no Brasil da farmacêutica norte-americana onde Daniel trabalhava, na Zona Sul de São Paulo, ele cruzava frequentemente com crianças em situação de rua, travestis e outras pessoas em condições de grande vulnerabilidade social, e começou a se incomodar profundamente. "Esse cenário divergia completamente das cifras milionárias que eu discutia diariamente ali ao lado", lembra.

Inquieto, Daniel chegou à conclusão de que precisava fazer algo urgente para ajudar a mudar aquela enorme desigualdade. Era uma sexta-feira, ele foi para casa com isso na cabeça e passou a ler sobre sustentabilidade, tema que acabou lhe causando interesse por todo o final de semana.

Na segunda-feira, voltou ao escritório e deixou claro aos seus diretores que queria atuar em alguma ação social e que estava disposto a abandonar a promissora carreira que tinha na multinacional, mas, para sua surpresa, acabou conseguindo isso na própria empresa. Na época, a presidência da farmacêutica estava interessada em ter uma iniciativa social e o realocou para a condução de um projeto que, em parceria com o Centro de Promoção da Saúde (Cedaps),[18] tinha por objetivo ajudar mulheres que viviam em comunidades carentes do Rio de Janeiro.

Essa ação envolvia a criação e distribuição de materiais informativos sobre saúde e a venda de produtos da empresa na região. Parte da renda obtida era destinada a uma associação criada por essas mulheres. Durante quase dois anos, o trabalho social desenvolvido no Rio de Janeiro acalmou Daniel, mas depois também deixou de fazer sentido. "Era pequeno e não tinha o verdadeiro impacto que eu estava procurando", comenta.

Sua insatisfação, na verdade, não tinha a ver especificamente com a atuação da empresa em que ele trabalhava, muito menos com o produto que ele representava, já que coordenava as vendas de protetores solares, mas sim com o modelo de negócio adotado pelo capitalismo tradicional.

Em fevereiro de 2009, Daniel acabou pedindo demissão da farmacêutica. Passou a pesquisar mais a fundo as possibilidades profissionais na área social e se aproximou do empresário Henrique Bussacos, fundador no Brasil do Impact Hub, uma organização que oferece espaço de trabalho colaborativo (*coworking*) para pessoas interessadas em promover projetos sociais e ajuda a conectá-las com empreendedores de todo o mundo.

Um dia, durante conversa com Henrique, Daniel conta que percebeu no empresário o interesse em investir em projetos sociais, mas que visassem também o lucro, ou seja, que não fosse uma ONG. "O Henrique falou sobre a importância dessa iniciativa ter profissionais de alto nível em todas as áreas: comercial, marketing, operações... Mas que ele não tinha nome, dinheiro, nem tamanho para atrair essas pessoas", lembra. "Foi então que meu deu um *start*. Se ele, que era um empresário influente, tinha essa necessidade, prova-

---

[18] Centro de Promoção da Saúde. Disponível em: <https://cedaps.org.br/>

velmente muitos outros teriam. Não havia ninguém ainda olhando para esse tipo de negócio no Brasil", acrescenta.

A partir dessa demanda, surgiu a ideia de criação da Vox Capital, instituição na qual, além de cofundador, Daniel é responsável pelas áreas de captação e novos negócios. "Há vários anos a gente vem procurando investir em empresas que comprovadamente ajudem a melhorar o acesso da população à saúde, educação e serviços financeiros", enfatiza. "São investimentos de R$3 a R$5 milhões, em média, por empresa", acrescenta.

A Avante,[19] instituição financeira que busca humanizar os serviços de empréstimos monetários para micro e pequenos empreendedores em regiões de baixa renda, principalmente no nordeste brasileiro, é uma das instituições que já recebeu investimento da Vox Capital. Outro exemplo é a Tamboro,[20] fundada em 2010 com o propósito de melhorar os processos de aprendizagem. A Tamboro, que na língua indígena Ingarikó significa "para todos, sem exceção", utiliza tecnologia e abordagens lúdicas para aumentar o engajamento e interesse dos alunos, aproximando a escola do universo deles por meio de games e outras formas inovadoras de aprendizagem.

Para que o setor de impacto social tenha sucesso, a Vox Capital defende a ideia de que é preciso investir em mão de obra qualificada. "Acreditamos que as pessoas não precisam ter que fazer escolhas de Sofia, como ganhar bem ou trabalhar com o que gosta. É possível se obter os dois", diz Daniel. "Se eu vejo um profissional com grande potencial e que realmente faça a diferença, eu quero que ele ganhe tão bem quanto ganharia em um banco ou em uma outra grande empresa", compara.

Para ele, a área social não é um nicho de atividade profissional, mas uma tendência de mercado que não tem mais volta. Como forma de sustentar essa sua previsão, Daniel se lembra de uma afirmação feita pelo executivo norte-americano Laurence Douglas Fink, presidente e CEO da BlackRock, a maior

---

[19] Avante. Disponível em: <https://www.avante.com.vc/>
[20] Tamboro. Disponível em: <https://tamboro.com.br/>.

empresa de gestão de investimentos do mundo. Com mais de US$6 trilhões em ativos sob gestão, Larry Fink, como é mais conhecido, disse no final de 2018 que, em poucos anos, todos os investidores passarão a medir os impactos dos negócios para determinar o seu valor.[21]

Em um movimento nessa mesma direção, Daniel acrescenta que, segundo análise da Accenture, consultoria internacional com atuação principal na área de tecnologia da informação, US$30 trilhões serão herdados nas próximas décadas pelos *millennials*[22] — geração de pessoas nascidas entre o período de 1980 e 2000, que se desenvolveram em uma época de grandes avanços tecnológicos e prosperidade econômica e que, de acordo com pesquisa do banco norte-americano Morgan Stanley, é duas vezes mais propensa a investir em empresas e fundos que tenham objetivos de impacto social ou ambiental.[23]

Pelo lado da força de trabalho, segundo relatório produzido pela Economist Intelligence Unit (EIU), braço de pesquisas do grupo The Economist, 56% dos *millennials* dizem que nunca trabalhariam para uma empresa se não acreditassem em seus valores. Outros 87%, oriundos de 29 países espalhados pelo mundo, acreditam que sucesso nos negócios não é apenas sua performance financeira.[24]

Embora eu esteja longe de ser um herdeiro de família rica, também faço parte da geração nascida entre 1980 e 2000, e há vários anos tenho priorizado

---

[21] FINK, Larry. BlackRock CEO Larry Fink says within the next 5 years all investors will measure a company's impact on society, government, and the environment to determine its worth. [Entrevista concedida a] *Bussiness Insider*, [S.I.]. Disponível em: <https://www.businessinsider.com/blackrock-larry-fink-investors-esg-metrics-2018-11>.
[22] ACCENTURE. *The "Greater" Wealth Transfer: Capitalizing on the Intergenerational Shift in Wealth*. [S.I.] 2012. Disponível em: <https://www.accenture.com/nl-en/~/media/Accenture/Conversion-Assets/DotCom/Documents/Global/PDF/Industries_5/Accenture-CM-AWAMS-Wealth-Transfer-Final-June2012-Web-Version.pdf>.
[23] MORGAN STANLEY. *Sustainable Signals: New Data from the Individual Investor*. [S.I.] Morgan Stanley: Institute for sustainable investing, 2017. Disponível em: <https://www.morganstanley.com/pub/content/dam/msdotcom/ideas/sustainable-signals/pdf/Sustainable_Signals_Whitepaper.pdf>.
[24] ECONOMIST INTELLIGENCE UNIT. *Motivated by Impact: A new generation seek* to make their mark. [S.I.] HSBC, 2016. Disponível em: <https://eiuperspectives.economist.com/sites/default/files/MotivatedByImpact.pdf>.

trabalhos que visam o impacto social ou que sejam para empresas socialmente responsáveis. Aquela ideia bastante comum na geração de meus pais e avós de agarrar qualquer emprego que aparecer, juntar o máximo de dinheiro possível e aproveitar a vida após a aposentadoria parece estar em extinção. Sinto que a busca pela felicidade profissional é urgente e imediata não só para mim, mas para a maioria das pessoas que está entrando no mercado de trabalho neste momento.

E você?

Caro leitor ou leitora, concorda com Daniel quando ele avalia que estamos caminhando para um mundo em que todos terão que discutir sobre impacto social?

Você também faz parte da geração que acredita que a felicidade profissional está diretamente relacionada aos valores sociais de sua empresa e com o modo como ela busca esse objetivo?

Uma pergunta que costumo fazer a quem está em dúvida sobre os propósitos da empresa em que trabalha é: se ela fechasse hoje, que falta faria ao mundo?

CAPÍTULO 2

Construir um mundo melhor: seria esse o segredo da realização profissional?

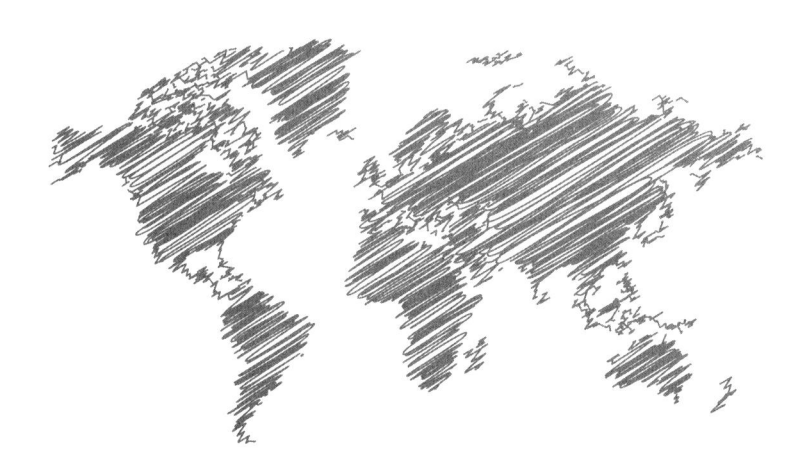

Fazia 32 °C na primeira vez em que estive em Maputo. Recordo-me exatamente dessa temperatura porque o piloto do avião anunciou, em português, o clima daquela manhã de novembro de 2006 na capital moçambicana. Há mais de um mês na África do Sul, me comunicando praticamente apenas em inglês, ouvir uma frase completa na minha língua soou muito prazeroso.

Conhecer Moçambique me trazia sensação especial, não só por ser um país onde as referências culturais seriam mais próximas das minhas, mas porque eu estava prestes a vivenciar um pouco mais da "África de verdade", segundo me definiram alguns amigos que lá já haviam estado. É que, em comparação com a cidade de Joanesburgo, o maior centro financeiro do continente africano, Maputo me revelaria muito mais sobre a África que eu estava interessado em conhecer.

Minha viagem a Moçambique tinha por objetivo fazer algumas entrevistas para uma série de reportagens sobre o acesso ao tratamento contra a aids naquele país. A consultoria que eu estava começando a prestar para a ONU previa, inicialmente, uma cobertura especial da epidemia de HIV em Guiné-Bissau, onde, na época, pouco se sabia sobre os principais fenômenos locais de transmissão do vírus.

No entanto, dois grandes problemas nos fizeram mudar de rumo. Primeiro, a constante instabilidade civil que afetava e ainda afeta aquele país. Desde que se tornou independente de Portugal, em 1974, nenhum presidente conseguiu se manter no cargo durante um mandato completo de cinco anos. E segundo, porque estava ocorrendo uma terrível temporada de chuvas na região. Com energia elétrica gerada quase que totalmente por meio da combustão a diesel, a comunicação com os jornalistas guineenses era quase impossível no final de 2006.

Sendo assim, a direção do PlusNews, que era o serviço de notícias sobre HIV e aids vinculado à ONU, acabou por focar nosso trabalho em Moçambique, mais especificamente sobre as diferenças entre as possibilidades de se conseguir medicamentos antirretrovirais nas três regiões do país: Norte, Centro e Sul. A escolha por Moçambique se deu principalmente devido a sua grande população e à alta prevalência de HIV. Em 2006, o país tinha cerca 21 milhões de habitantes,[1] o que representava, na época, a maior população entre os países cuja língua é o português depois do Brasil (em 2017, Angola passou a ocupar a segunda posição[2]); e uma das maiores taxas de infecção de HIV no mundo.

---

[1] THE WORLD BANK. População de Moçambique. Disponível em: <https://data.worldbank.org/country/MOZAMBIQUE>.

[2] Idem. População de Angola. Disponível em: <https://data.worldbank.org/country/angola>.

Segundo estimativas do governo moçambicano, 16% dos jovens e adultos do país viviam com o vírus da aids em 2006.[3] Em algumas cidades, a prevalência ultrapassava os 25%. Para compararmos, a taxa de HIV estimada no Brasil para esse mesmo ano era de 0,6%.[4] Ou seja, para cada 166 brasileiros, um vivia com HIV, enquanto que em algumas cidades moçambicanas era 1 infecção para cada grupo de apenas 4 pessoas.

De Joanesburgo, onde estava o escritório do serviço de notícias da ONU, até Maputo, a distância é de aproximadamente 500 quilômetros. Menos de uma hora de voo. A diferença socioeconômica de uma cidade para a outra, porém, é enorme. Também conhecida como Terra do Ouro, Joanesburgo tem vários bairros que se assemelham mais a uma cidade norte-americana do que à maioria das outras cidades africanas.

No rico distrito de Sandton, onde estava o escritório do PlusNews, a maioria das ruas e avenidas é limpa, larga e arborizada — principalmente com lindos jacarandás-roxos importados há mais de um século da América do Sul. Em alguns cruzamentos, quase não se vê gente na rua, apenas os modernos e luxuosos carros passando em alta velocidade. A estrutura de urbanização da cidade, talvez pela influência do *apartheid*, que quer dizer "separação" no idioma africâner, afastou bem o local de residência dos ricos e dos pobres.

O famoso distrito de Soweto, que está integrado a Joanesburgo, representa bem essa segregação. Durante o *apartheid*, as pessoas negras não podiam viver em áreas reservadas às pessoas brancas e acabaram por construir essa região símbolo da resistência antirracista. Soweto é a abreviatura de *South Western Townships*, que pode ser traduzido para "Bairros do Sudoeste". Além da segregação racial, extinta oficialmente em 1994, Joanesburgo é dividida

---

[3] GOVERNMENT OF MOZAMBIQUE. UNGASS Declaration of Commitment on HIV/AIDS. 2006. Disponível em: <https://data.unaids.org/pub/report/2006/2006_country_progress_report_mozambique_en.pdf>.

[4] BRASIL. Boletim epidemiológico Aids/DST — 2006. Departamento de Doenças de Condições Crônicas e Infecções Sexualmente Transmissíveis, Ministério da Saúde, 2006. Disponível em: <http://www.aids.gov.br/pt-br/node/82>.

por um plano piloto parecido com o da capital brasileira: zonas residenciais de um lado, zonas comerciais de outro, regiões específicas de bares e restaurantes e áreas industriais.

Já Moçambique tinha de fato um pouco mais da vida africana que habitava minha mente até então. Assim que cheguei em Maputo, além da alta temperatura e da umidade, que me fizeram derreter como os relógios de Salvador Dalí na obra *A persistência da memória*, me chamou a atenção a grande quantidade de gente. Talvez devido ao pequeno tamanho do aeroporto, percebi um número bem maior de pessoas ao meu redor do que em Joanesburgo.

Havia fila para pegar as bagagens, para passar pela inspeção policial, para fazer o controle de imigração… Demorei mais de uma hora nesse trâmite, e assim que comecei a cruzar o saguão do aeroporto, apareceram mais pessoas. Eram carregadores de malas, taxistas, vendedores de artesanato, comerciantes de dólar e vários outros que nem consegui entender o que estavam me oferecendo.

Depois de alguns meses na África, todos esses tipos de abordagens se tornam cansativas, mas para quem tinha acabado de chegar de Joanesburgo, onde a relação entre negros (maioria) e brancos (minoria e na qual eu estava incluso) era mais difícil devido ao recente histórico do *apartheid*, poder sentir aquele calor humano de Maputo foi muito bom. A possibilidade de ler placas e anúncios em português também foi me transmitindo uma sensação de conforto, como se estivesse em alguma cidade brasileira.

A primeira vez que aprendi algo sobre Moçambique provavelmente foi na escola, quando estudei as ex-colônias portuguesas na África, mas quando lá cheguei, tinha um pouco mais de informações sobre o país em que moraria. Meu conhecimento sobre Moçambique era maior do que o de muitos brasileiros que não sabem ao certo qual a diferença desse país e da África, mas não ia muito além do que alguns livros e pesquisas na internet me informavam.

Antes de visitar pela primeira vez o país, analisei bem o mapa da região, atividade que gosto de fazer desde criança. Em vez de gibis ou revistas, o atlas geográfico era minha leitura preferida. Em uma das pesquisas prévias que fiz sobre o país, registrei que Moçambique é banhado pelo Oceano Índico, está acima da África do Sul e abaixo da Tanzânia. Com a ajuda da internet, descobri também que o país tinha um dos piores índices de desenvolvimento humano do mundo e uma expectativa de vida de apenas 50 anos.[5]

A internet, no entanto, não me foi muito útil para entender o realismo mágico presente nos livros do prestigiado autor moçambicano Mia Couto. Esse tipo de percepção só ficou mais fácil depois de alguns meses vivendo no país, quando comecei a me lembrar de alguns dos temas por ele explorados em suas obras *Terra sonâmbula* e o *Último voo do flamingo*, como a grande valorização dos moçambicanos por sua tradição cultural, as fortes lembranças dos mais de dezessete anos de guerra e a intensa presença dos antepassados na mente deles.

Foi morando em Moçambique que aprendi o real sentido da palavra fome. Uma vez, ao descrever a situação de um determinado vilarejo no interior do país, indiquei que grande parte da população local passava fome, mas fui corrigido pela minha editora na época, a uruguaia Mercedes Sayagues, que há vários anos morava no continente africano.

— Lucas, o que é fome para você? Ela me perguntou.

Lembro-me de ter respondido que, por não ter tomado café da manhã naquele dia e já estar próximo das 11h, eu estava com fome, mas ela me corrigiu novamente, alegando que eu estava com "vontade de comer". Passar fome, segundo me explicou, ainda mais se tratando de locais onde a escassez de alimentos é grande, é ficar dias sem comer. "Se a pessoa fizer uma refeição por dia, mesmo que não seja muito farta, não costumamos chamar de fome, mas de instabilidade alimentar", afirmou.

---

[5] THE WORLD BANK. Life expectancy at birth, total (years) — Mozambique. Disponível em: <https://data.worldbank.org/indicator/SP.DYN.LE00.IN?locations=MZ>.

Do aeroporto ao hotel

Para chegar à Pensão Martins, hotel onde fiquei hospedado nos primeiros dias em Maputo, tomei um táxi. Pouco conhecedor da África, mas já ciente de que era preciso sempre negociar antes de pagar por qualquer coisa, consegui fechar o preço da corrida por 300 meticais, na época o equivalente a 12 dólares.

A distância era pequena, menos de 10 quilômetros, mas o caminho foi suficiente para sentir que estava mesmo chegando na África que eu assistia nos documentários. Ruas de terra, lixo nas calçadas, esgoto a céu aberto e muitas mulheres carregando os filhos nas costas, presos às capulanas — tecidos coloridos parecidos com as cangas brasileiras. Também chamou minha atenção a enorme quantidade de roupas penduradas no lado de fora dos prédios para secar.

A periferia de Maputo me lembrou bastante os bairros pobres das capitais brasileiras: bares, muito comércio informal e até igrejas evangélicas. Recordo-me de ter visto ainda diversos objetos cuja venda na rua era bem inusitada para mim, como estrados para cama, caixas d´água e sapatos usados, vários deles sem os pares certos.

Todo esse cenário, barulhento e agitado, destoava bastante daquele que eu presenciara horas antes em Joanesburgo. No entanto, a energia do país e o acolhimento por parte dos moçambicanos já começavam a me entusiasmar. Desde o taxista, passando pelo recepcionista até os seguranças do hotel, todos me trataram muito bem nas minhas primeiras horas em Maputo.

Assim que me instalei no hotel, peguei o telefone e comecei a ligar para as pessoas que eu tinha combinado de entrevistar. Para me familiarizar mais com a problemática da aids em Moçambique, Mercedes sugeriu começar com a pauta que abordava o suporte brasileiro ao enfrentamento da epidemia no país.

A parceria entre os dois países começou em 1997, quando profissionais de saúde moçambicanos participaram de um treinamento no Brasil sobre prevenção do HIV entre jovens, mulheres e profissionais do sexo. Desde então, muitos outros projetos na área surgiram, sendo que um dos mais importantes foi o suporte brasileiro para o desenvolvimento da Sociedade Moçambicana de Medicamentos — responsável pela administração da única fábrica de remédios no país até a publicação deste livro.

Com financiamento do governo brasileiro, a fábrica foi criada para produzir medicamentos contra a aids. No entanto, devido a diversos atrasos e problemas burocráticos na formação de profissionais moçambicanos, o empreendimento teve que mudar de foco e passou a fabricar, em 2019, paracetamol — analgésico comumente usado contra dor de cabeça e cólica.

O motivo principal da mudança foi que a nevirapina, antirretroviral cuja tecnologia de produção o Brasil transferiu para Moçambique, ficou ultrapassada. Tal medicamento já foi muito importante no tratamento da aids, mas à medida que o projeto da fábrica demorou a sair do papel, a nevirapina foi sendo substituída por outros remédios mais modernos e eficazes. Hoje, raramente é utilizada no coquetel antiaids.

Apesar da frustração, acredito que a construção da fábrica pode ser considerada um legado importante do Brasil em Moçambique. Além de paracetamol, Moçambique conseguiu desenvolver, com esse suporte, condições técnicas para vir a produzir futuramente até dez outros tipos de remédios, que podem ser usados para o tratamento do diabetes, de doenças mentais, hipertensão e inflamações.

"Não vejo como um fracasso... Temos moçambicanos que sabem produzir medicamentos. Temos um portfólio de remédios — limitado, é verdade, mas temos um portfólio. Não é um trabalho que se possa desprezar, tem muito mérito", avaliou o presidente do Conselho de Administração da Sociedade Moçambicana de Medicamentos, Evaristo Madime.[6]

Voltando a minha chegada a Maputo, assim que comecei a entrevistar outros brasileiros que lá moravam, minhas boas impressões sobre Moçambique foram só aumentando. Um de meus primeiros contatos no país foi com o infectologista Josué Lima, que acabou se tornando um amigo e consultor para assuntos pessoais de saúde. Sempre que ficava doente ou apresentava algum sintoma estranho, ligava para ele perguntando se poderia ser malária — doença endêmica no país e que eu vivia com medo de pegar.

Dr. Josué me explicou que, com a escassez de recursos humanos especializados, os brasileiros, por também falarem português, passaram a ganhar espaço em vários setores de Moçambique. Na área da saúde, e mais especificamente no combate à aids, no qual o Brasil já tinha um *know-how* reconhecido internacionalmente, isso ficou bastante acentuado. Na época, ele coordenava em Moçambique o programa da Central Internacional para Cuidados e Tratamento da Aids da Universidade de Columbia (ICAP),[7] dos Estados Unidos.

Em 2006, dos cinquenta profissionais que trabalhavam com ele na ICAP, onze eram brasileiros. "No geral, somos muito bem recebidos pelo povo moçambicano. Partes da nossa cultura, como a música e as novelas, são influentes por aqui, o que facilita a relação e abrem portas", disse-me o médico em nossa primeira conversa.

Outro brasileiro que me ajudou bastante foi o diplomata Francisco Luz. Em 2006, ele ocupava o cargo de encarregado de negócios na embaixada brasileira em Maputo, cargo logo abaixo ao de embaixador, e me apresentou muitas pessoas que trabalhavam contra a aids no país. Em um jantar na casa dele

---

[6] ROSSI, Amanda. Em vez de remédio contra Aids, fábrica financiada pelo Brasil em Moçambique produzirá analgésico. BBC Brasil, 2017. Disponível em: <https://www.bbc.com/portuguese/internacional-42176248>.

[7] ICAP. Mozambique. Disponível em: <https://icap.columbia.edu/where-we-work/mozambique/>.

com vários outros brasileiros, comecei a sentir que a vida social em Maputo poderia ser bastante interessante. Relatos sobre festas na cidade, viagens pela região e diversas oportunidades profissionais foram me empolgando.

Em outra ocasião, já em 2008, ouvi a seguinte descrição de Maputo do embaixador brasileiro em Moçambique na época, o carioca Antonio José Maria de Souza e Silva:

— Aqui há muitas esquinas, e onde há esquinas há botequins, e se há botequins há gente bebendo, conversando e fazendo amizade.

Ele tinha razão. Não sei dizer se os encontros nos botequins moçambicanos foram os responsáveis, mas fiz boas amizades no país, e a sensação de que eu teria uma boa qualidade de vida em Maputo foi fundamental para que eu aceitasse, dias depois de chegar à cidade, um convite inesperado da minha editora.

"Quer ser correspondente em Moçambique?"

Por telefone, Mercedes me propôs, no final de 2006, uma consultoria, a princípio por seis meses, como jornalista correspondente na capital moçambicana, de onde eu teria que enviar diariamente notícias sobre a aids para o escritório do PlusNews em Joanesburgo. A oportunidade de viver na África, por si só, já me parecia muito interessante, mas o objetivo do meu trabalho naquele país, com certeza, foi o que me deixou mais feliz. Eu seria contratado para trabalhar para as Nações Unidas e atuar no enfrentamento da aids, o que àquela altura já era uma causa pessoal para mim devido à amizade que eu tinha com várias pessoas vivendo com o HIV.

Embora eu já soubesse que morar fora do Brasil e distante da minha família e dos meus amigos seria difícil, me senti desafiado com a proposta. Ainda tinha alguns receios sobre como seria viver vários meses em uma das regiões do mundo menos desenvolvidas economicamente e em um local onde, diante de uma doença grave, por exemplo, talvez eu tivesse que ser evacuado para outro país, mas me apeguei à enorme oportunidade de aprendizado pessoal e profissional que estava recebendo e, dias depois, respondi positivamente para Mercedes.

Em janeiro de 2007, então, depois de passar cerca de três meses trabalhando na África do Sul, mudei-me para Maputo. Apesar de várias dificuldades, que abordarei mais adiante, considero que aquele ano foi um dos mais felizes da minha vida. Conheci várias pessoas interessantes, visitei lugares maravilhosos e aprendi muito. Além de me sentir importante e realizado profissionalmente, percebia que meu trabalho diariamente tinha impacto positivo na vida de outras pessoas.

Minhas reportagens em Moçambique abordavam diferentes aspectos relacionados à cultura local e seu impacto na propagação do HIV no país, como machismo, parcerias sexuais múltiplas e a descrença de grande parte da população na eficácia do preservativo, e eram lidas por governantes e outros tomadores de decisão, por isso, ajudavam a ampliar as discussões sobre diversos temas tabus. Entre eles, um dos que mais me chamou atenção foi o *pitakufa*.

Nesse ritual, bastante comum no interior de Moçambique, a mulher precisa ser "purificada" após a morte do marido, e para isso é obrigada a manter relações sexuais com o cunhado. Caso se recuse, ela pode ter a casa, os bens e até os filhos tomados pela comunidade.

Na minha visão, o *pitakufa*, embora fizesse parte da cultura local, era uma agressão aos sentimentos e desejos das mulheres e um fator importante a ser enfrentado para a prevenção contra o HIV, já que elas precisavam se relacionar sexualmente sem preservativo. Além de ajudar a divulgar o assunto na mídia, anos depois acabei participando de uma campanha com apoio do Fundo das Nações Unidas para a Infância (Unicef) para incentivar o *pitakufa* "alternativo".

Segundo estudo da Associação Nacional para o Desenvolvimento Humanitário (ANADHU), grupo bastante atuante na província moçambicana de Sofala, o *pitakufa* tradicional poderia, de acordo com a crença local, ser substituído pelo *pitakufa-tchinda*. Neste ritual, a viúva recebe algumas raízes, esfrega nas mãos e entrega a um casal da família do marido, que deverá ter relação sexual na sua frente e depois devolver as plantas para que ela passe no corpo para se purificar.

Embora continuasse achando isso muito estranho, sabia que precisava respeitar a cultura tradicional moçambicana, e o *pitakufa-tchinda*, pelo menos, não envolvia a relação sexual entre casais diferentes, o que freava a possibilidade de transmissão do HIV.

Sensação de estar contribuindo mais

Mesmo já tendo trabalhado no Brasil em outros projetos sociais de prevenção contra o HIV, na África eu tinha a sensação de que minha contribuição era maior. A difícil situação epidemiológica no país parecia me motivar sempre mais. Um dado que não saía da minha mente em Moçambique era sobre o número de mortes em decorrência do HIV no país.

Em 2008, segundo estimativas do governo, 92 mil moçambicanos morreram com aids.[8] Se fizermos um cálculo proporcional, isso representava aproximadamente 365 mortes por dia, ou cerca de 10 mortes por hora. Apesar de parecer uma atitude bastante fria sobre essa dramática situação, eu usava esses números de forma estratégica. Compartilhava-os frequentemente com

---

[8] DUCE, Pedro *et al*. Impacto Demográfico do HIV/SIDA em Moçambique: Actualização — Ronda de Vigilância Epidemiológica 2007. Moçambique: Leima Consultoria e Trading, 2008. Disponível em: <https://docplayer.com.br/8068753-Impacto-demografico-do-hiv-sida-em-mocambique.html>.

meus colegas de trabalho, ressaltando que cada minuto nosso desperdiçado seria somado e, no final do dia, poderia representar a quantidade de vidas que teríamos ajudado ou não a salvar.

Para tentar dar mais embasamento sobre minha satisfação profissional em Moçambique, pesquisei estudos acerca do assunto e encontrei uma pesquisa interessante da consultoria empresarial Boston Consulting Group.[9] Segundo compilação de dados feito por essa empresa norte-americana, envolvendo mais de 203 mil pessoas de 289 países, incluindo 11 mil do Brasil, os fatores considerados mais importantes para os brasileiros serem felizes no trabalho são:

1. Reconhecimento profissional.
2. Aprendizado e desenvolvimento de carreira.
3. Equilíbrio entre vida pessoal e trabalho.
4. Bom relacionamento com superiores.
5. Bom relacionamento com colegas.
6. Valores da empresa.
7. Estabilidade financeira da empresa.
8. Oportunidade para liderar e assumir responsabilidade.
9. Reputação do empregador.
10. Atividade profissional interessante.

Em Moçambique, minhas atividades profissionais me ofereciam, pelo menos, oito desses dez fatores — número que raramente consegui obter em outros trabalhos realizados no Brasil. Dois fatores em especial, no entanto, chamaram mais minha atenção, porque foram eles os principais diferenciais

---

[9] CARDOSO, Thiago et al. Understanding Brazil's Workface in a Troubled Time. BCG, 2016. Disponível em: <https://www.bcg.com/pt-br/publications/2016/people-organization-human-resources-understanding-brazils-workforce-time-of-trouble.aspx>.

para mim em trabalhar para a ONU: os valores da empresa e o interesse pela atividade profissional realizada.

Embora a média dos 11 mil brasileiros entrevistados nessa pesquisa tenha considerado esses tópicos apenas como o 6º e 10º mais importantes, respectivamente, acredito que eles sejam essenciais para quem deseja trabalhar com projetos sociais. Eu me identificava bastante com os valores e princípios das diferentes agências das Nações Unidas para quem prestei serviço e, acima de tudo, considerava muito interessante meu trabalho. Ao fazer reportagens e participar de campanhas para ajudar a informar a população sobre os riscos de transmissão do HIV durante o *pitakufa*, por exemplo, eu sentia que estava de fato fazendo a diferença na vida de outras pessoas.

Empatia

Após vários anos trabalhando como jornalista na cobertura de causas humanitárias, percebi que esse meu interesse pela área estava ligado também à **empatia** — comportamento que pode ser definido como a capacidade que temos de nos colocar no lugar de outra pessoa e perceber como nos sentiríamos se estivéssemos na mesma situação vivenciada por ela. Quanto mais eu conhecia e me envolvia com a população moçambicana, mais tinha vontade de ajudá-la. A empatia é um tipo de sensação muito comum nos períodos após situações trágicas, como catástrofes naturais e acidentes coletivos.

Depois dos rompimentos das barragens nas cidades mineiras de Mariana, em 2015, e Brumadinho, em 2019, por exemplo, a onda de doações vindas de todas as regiões do Brasil foi impressionante. Em poucos dias, as autoridades locais começaram a pedir para a população parar as doações porque não tinham mais espaço para armazenamento e muitos produtos estavam correndo o risco de estragar. Centenas de pessoas também foram até o local para trabalhar como voluntárias, recolher as doações, separar e distribuir kits, além de ajudar de alguma forma as famílias atingidas.

A pandemia da covid-19 — provavelmente o maior problema social e econômico já enfrentado pela minha geração — também atraiu muita doação no Brasil. De acordo com o Monitor das Doações da Covid-19,[10] página criada pela Associação Brasileira de Captadores de Recursos (ABCR)[11] para consolidar as doações para o enfrentamento do vírus SARS-CoV-2, em março de 2020, quando a doença começava a se espalhar pelo país, havia R$450 milhões em doações. Apenas cinco meses depois, em agosto, as doações já ultrapassavam os R$6,1 bilhões.

Todos os anos, a instituição filantrópica britânica Charities Aid Foundation (CAF)[12] divulga o Índice Mundial de Solidariedade — estudo que busca mensurar os comportamentos das populações de diferentes países em relação à doação de dinheiro para organizações da sociedade civil, ajuda a estranhos ou participação em trabalhos voluntários.

Em 2019, completou-se dez anos da data de criação dessa iniciativa, e, segundo levantamento especial feito pela CAF, na lista de países que mais se destacaram em relação à prática de doações desde que esse índice fora criado estão nações muito desenvolvidas economicamente, como Estados Unidos (1º na lista), Austrália (4º) e Reino Unido (7º).[13] No entanto, há também países pouco desenvolvidos economicamente, como Mianmar (2º), Sri Lanka (9º) e Quênia (11º).

O Brasil aparece na 74ª posição entre as 126 nações avaliadas. Durante a década em que foi feita a análise, 46% dos brasileiros consultados disseram

---

[10] Monitor das Doações da Covid-19. Disponível em: <https://www.monitordasdoacoes.org.br/>.
[11] Associação Brasileira de Captadores de Recursos. Disponível em: <https://captadores.org.br/>.
[12] Charities Aid Foundation. Disponível em: <https://www.cafonline.org/>.
[13] Idem. *CAF world giving index: ten years of giving trends.* 10. ed. [S.l.] 2019. Disponível em: <https://www.idis.org.br/wp-content/uploads/2019/10/WGI_2019_REPORT_2712A_WEB_101019.pdf>.

ajudar um estranho, 22% doaram dinheiro para organizações da sociedade civil, e apenas 15% estavam participando de algum trabalho voluntário.

Incomodado com essa posição brasileira, conversei com Andréa Wolffenbüttel, diretora de Comunicação do Instituto para o Desenvolvimento do Investimento Social (IDIS), organização representante da CAF no Brasil. Também jornalista, mas com formação na área de Análise de Sistemas e especialização em Economia, ela logo me alertou que, embora o Índice Mundial de Solidariedade busque demonstrar o comportamento recorrente da população pesquisada, ele direciona as perguntas para um período de até quatro semanas antes das entrevistas apenas.

Ou seja, países que passaram por tragédias em datas próximas aos levantamentos dos dados, assim como aqueles que vivem constantemente em condições socioeconômicas ruins, tendem a ter indicativos de doação mais altos. "Quando existem períodos longos de crise ou problemas generalizados, os esforços para ajudar uns aos outros geralmente são maiores", justifica Andréa. "Em 2015, ano do rompimento das barragens em Mariana, o Brasil chegou a sua melhor posição no ranking: 65° lugar; e em 2020, vimos novamente o volume de doações crescer devido à pandemia da covid-19", exemplifica.

Outro fator importante que costuma influenciar as práticas sociais é a religião. Segundo me explicou Andréa, nações com forte interferência da Igreja Protestante, que prega um envolvimento maior da comunidade para o desenvolvimento das ações locais, tendem a criar um senso superior de responsabilidade com o coletivo.

Além dos Estados Unidos, da Austrália, do Reino Unido e Quênia, o Canadá (6° na lista), os Países Baixos (8°), a Libéria (17°) e a Nigéria (22°), todos eles com forte influência do protestantismo, aparecem no Índice Mundial de Solidariedade em posições mais altas no ranking do que o Brasil, por exemplo.

De um modo geral, porém, "nós brasileiros gostamos de ajudar", disse-me Andréa, "mas o nosso interesse tende a ser mais emocional do que racional", completou a especialista. É que, quando vemos alguém sofrendo ou nos identificamos com uma determinada causa social, nosso impulso é tentar fazer algo de imediato para amparar. Entretanto, nas ajudas que envolvem trabalhos voluntários de mais longo prazo, assim como a participação em ações que visam à prevenção de problemas, nossa adesão geralmente é bem mais difícil.

Para a diretora de Comunicação do IDIS, o que falta para muitos brasileiros é justamente entender o funcionamento do ciclo de responsabilidade social e perceber que trabalhar ou agir em prol da comunidade trará retorno para si mesmo. "Nós somos bastante solidários e temos muito potencial para subir no Índice Mundial de Solidariedade. Creio que está faltando apenas 'mudarmos uma chavinha' para compreendermos que a sociedade civil se torna mais forte quando tem uma participação maior dos seus cidadãos", afirma.

Altruísmo

De acordo com diferentes estudos, além de ajudarem a gerar o ciclo do bem, as pessoas que se envolvem em iniciativas sociais e praticam o altruísmo tendem também a se sentirem mais realizadas. No livro *Altruism, Happiness, and Health: It's Good To Be Good*,[14] que pode ser traduzido livremente para "Altruísmo, felicidade e saúde: é bom ser bom", o pesquisador e escritor norte-americano Stephen Garrard Post demonstra que ajudar os outros impulsiona a felicidade. Já a professora Elizabeth Midlarsky, também dos Estados Unidos, explica em artigo científico que o altruísmo pode aumentar os níveis de satisfação, a sensação de competência, melhorar o humor e reduzir o estresse.[15]

---

[14] POST, S. G. *Altruism, Happiness, and Health: It's Good To Be Good*. International Journal of Behavioral Medicine, [S.I.] 2005, Vol. 12, N. 2, 66-77. Disponível em: <https://greatergood.berkeley.edu/images/uploads/Post-AltruismHappinessHealth.pdf>.

[15] MIDLARSKY, Elizabeth. *Review of Personality and Social Psychology: Prosocial Behavior*. Sage Publications, Inc, 1991. Disponível em: <https://psycnet.apa.org/record/1991-97117-009>.

Para entender mais a relação da escolha profissional com a felicidade, procurei especialistas no assunto e cheguei até a terapeuta, palestrante e escritora Heloísa Capelas, autora do livro *O mapa da felicidade*.[16] Ela me recebeu em seu escritório, na Zona Oeste de São Paulo, e me contou como se tornou especialista em comportamento humano.

Embora quisesse estudar Psicologia, Heloísa acabou fazendo graduação em Assistência Social, pois era o que as condições financeiras da família permitiam na época, e para atender a um desejo do pai, preparou-se e entrou em um concurso público do Banco do Brasil, em meados dos anos 1970. "Trabalhava apenas seis horas por dia, ganhava bem e aturava o que eu fazia", lembra. "Meu cargo era de gerente de Recuperação de Crédito. Um serviço dinâmico, pois vivia conversando com pessoas diferentes e buscava soluções para ajudá-las a quitarem suas dívidas, mas faltava algo. Não me sentia completamente realizada", avalia.

Para chegar a esse grau de consciência, no entanto, Heloísa demorou vários anos. Com o sonho de ser mãe de quatro filhos, ela deu à luz, em 1982, Beatriz — nome de origem na expressão em latim *beare*, que significa "a que traz felicidade". Sua primogênita chegou representando muito bem esse sentimento. "O nascimento da Beatriz foi o dia mais feliz da minha vida. Se naquele momento eu tivesse que morrer e escolher apenas uma lembrança, eu escolheria o dia em que ela veio ao mundo", comenta.

Empolgada e contente com a maternidade, Heloísa engravidou pela segunda vez, mas quando estava no 7º mês de gestação da Estela, sua vida começou a mudar drasticamente. Beatriz passou a ter crises frequentes de convulsão, sem que os médicos descobrissem os motivos, e com 1 ano e 8 meses de idade, durante uma dessas crises, acabou entrando em estado de mal epilético. "Ela foi internada às pressas, ficou três dias em coma e, quando despertou, não voltou mais", diz Heloísa.

---

[16] CAPELAS, Heloísa. *O mapa da felicidade*. 7. ed. São Paulo: Gente, 2014.

Sua primogênita retomou a consciência, mas ficou com profundas sequelas neurológicas. "Ela continuou me chamando de 'mamãe', tinha a mesma carinha, mas já não era mais a mesma pessoa", conta Heloísa. "A Beatriz tinha se tornado uma menina com deficiência intelectual grave", explica. Por cerca de dez anos, Heloísa lutou para tentar fazer com que a filha voltasse a ser como era antes. Procurou diferentes médicos e tratamentos, empenhou-se em pesquisar o assunto e só queria saber das possibilidades de cura da filha.

Durante esse longo período, porém, suas outras relações foram se desgastando cada vez mais. Com dificuldades para conseguir uma escola que aceitasse a filha, Heloísa diz que se tornou uma pessoa "amargurada e sem motivação". Além disso, sua outra filha, Estela, que já havia nascido e estava crescendo, não recebia a devida atenção, pois todo o foco possível era para a primogênita; e seu casamento estava prestes a acabar.

No auge de toda essa crise, no início da década de 1990, Heloísa se lembra de que recebeu uma oferta "extraordinária" de emprego, mas por conta da filha que precisava de cuidados especiais, acabou não aceitando. "Não podia sair do Banco, onde tinha estabilidade financeira e um ótimo plano de saúde, que era estendido a Beatriz", lembra.

A pessoa que fizera o convite, no entanto, lhe disse a seguinte frase:

— Que pena você não ir atrás dos **seus** sonhos!

Tal comentário mexeu muito com Heloísa, e essa mesma pessoa que a tinha feito refletir sobre a importância de ir atrás dos sonhos sugeriu-lhe um curso intensivo de autoconhecimento, o Processo Hoffman, criado em 1967 pelo norte-americano Bob Hoffman. Heloísa conta que se interessou pela formação, mas era muito cara, cerca de US$6 mil na época, e já ia desistir novamente. Em conversa com o marido, porém, que viu um fio de esperança para resgatar o relacionamento entre eles, surgiu a oportunidade de realização do curso. Ele se propôs a ajudá-la com o pagamento, e ambos fizeram o processo. Primeiro ela, e depois, ele.

O curso, segundo define Heloísa, foi "1.000%" transformador. "Tive a oportunidade de resgatar minha história, compreender e aceitar a Beatriz do jeito que ela era, passei a dar a atenção devida a Estela, me perdoando, assim, como mãe, resgatei meu casamento e voltei a sonhar profissionalmente", lembra.

Depois da Beatriz e da Estela, ela teve o Rodolpho e adotou a Eduarda, chegando aos quatro filhos, conforme sempre desejara; e faltando apenas dois anos para se aposentar, pediu demissão do Banco do Brasil. "Aquele não era o meu trabalho. Era uma vontade do meu pai. Não era justo, nem ético comigo e com a empresa eu estar ali. Eu até fazia um bom serviço, mas não me doava o máximo possível e não era feliz", conta.

Com essa formação em comportamento humano, Heloísa se tornou terapeuta, que é a profissão que ele sempre desejou ter, passou a fazer palestras e descobriu seu propósito de vida. "Eu nasci para falar, conversar e transmitir às pessoas tudo aquilo que eu aprendi", comenta.

Em 2012, depois de alguns anos desfrutando dos benefícios do autoconhecimento, a terapeuta se deparou com outro grande obstáculo, e desta vez, em dose dupla. Foi diagnosticada com câncer de mama, e na mesma época, seu filho Rodolpho, aos 18 anos, com linfoma. No caso do seu tumor, não foi necessário tratamento com quimioterapia, mas no dele sim. "Não deu nem para comemorarmos", recorda.

Ao receber as primeiras notícias sobre a situação do filho, o médico disse cerca de dez vezes a palavra "mas", lembra Heloísa. "Ele falou que se tratava de um caso complexo, mas que o Rodolpho estava reagindo bem ao tratamento; que era preciso esperar o desenvolvimento da doença, mas que tudo indicava que ele iria superá-la; que o conhecimento científico para aqueles casos eram grandes, mas que ainda existia um risco de ele não sobreviver...", detalha.

Quando o médico cogitou o risco de morte, ela admite que teve um *déjà vu* da história da Beatriz e, por alguns segundos, sentiu um grande vazio, mas que logo foi interrompido por um sentimento sublime de entendimento, como uma grande luz. "Cheguei para o meu marido e disse que dessa vez, independentemente do que acontecesse, seria por amor. Se o universo estava me perguntando se eu tinha aprendido, a resposta era sim", afirma.

A tranquilidade do casal em compreender mais uma situação adversa foi fundamental para o suporte afetivo ao filho, e durante um período de aproximadamente quatro meses em que o Rodolpho ficou internado para tratamento, Heloísa escreveu o *best-seller O mapa da felicidade*, que tem mais de 45 mil exemplares vendidos. "Havia cerca de dois anos que eu estava sendo procurada para escrever um livro, mas não tinha o que contar", diz. "Quando consegui aceitar a doença do Rodolpho, liguei para a editora e disse que tinha chegado a hora. Ia escrever sobre felicidade, pois tinha descoberto as coordenadas para chegar a esse sentimento", completa.

Rodolpho foi considerado curado do linfoma depois de aproximadamente cinco anos de tratamento, e Beatriz reside em um lar especializado no atendimento de pessoas com deficiência intelectual em Araçoiaba da Serra, no interior de São Paulo, e visita os pais nos finais de semana. "Ela adora. É um local único no Brasil, espetacular, e muito preparado para ajudar no desenvolvimento dela", diz Heloísa.

Com o crescimento dos filhos e a aceitação dos obstáculos encontrados, a terapeuta obteve grande ascensão profissional. Além de palestrante, tornou-se empresária e fundou um centro de treinamentos em São Paulo, onde oferece diversos tipos de cursos de autoconhecimento. Em 2017, lançou seu segundo livro: *Perdão, a revolução que falta: o ato de inteligência que vai curar a sua vida*.[17]

Durante nossa conversa, ela ressaltou que ter mudado de profissão e encontrado seu propósito de vida foi fundamental para começar a se sentir rea-

---

[17] Idem. *Perdão, a revolução que falta: o ato de inteligência que vai curar a sua vida*. 3. ed. São Paulo: Gente, 2017.

lizada. "Ser feliz faz parte de um processo pragmático com começo, meio e fim; e me sinto extremamente bem quando percebo que estou ajudando as pessoas a se autoconhecerem e se tornarem mais felizes", afirma. Para ela, qualquer área de atuação, se for realizada de forma ética, responsável e gentil, trará impactos positivos às pessoas no entorno. O maior desafio para cada indivíduo, no entanto, é conseguir escolher um trabalho em que os valores estejam atrelados ao seu objetivo de vida.

Isso reforça mais uma vez por que eu me sinto tão bem em trabalhar com projetos sociais. "Quando descobrimos por que iremos acordar todos os dias e quem se importará com isso, temos sucesso em qualquer ramo de atividade; e nos projetos sociais, essa forma de entendimento geralmente é mais fácil", me explicou a terapeuta.

Assim como aconteceu comigo, que cresci vendo meus pais atuando como voluntários em projetos sociais, Heloísa conta que passou a infância acompanhando seu pai ministrando palestras, o que demonstra a enorme influência que recebemos dos nossos familiares na escolha da profissão ou dos propósitos de vida. "A neurociência já provou que a criança aprende por cópia e repetição. Formamos nosso caráter olhando aqueles que nos educam e, a partir disso, fazemos um *mix*", diz. "Às vezes, seguimos os mesmos caminhos que nossos pais, mas às vezes, vamos para o lado oposto, o que dá na mesma, pois para sermos o oposto, precisamos antes entender como é ser igual a eles", acrescenta.

A terapeuta acredita que a deficiência intelectual de Beatriz, apesar de ter sido sua "primeira grande dor", foi também a principal responsável pela mudança de rumo que teve na vida. Sem a convivência com esse problema, ela provavelmente estaria até hoje sem se conhecer profundamente, sem ter ido atrás dos seus sonhos profissionais e, principalmente, sem começar a fazer a diferença na vida de outras pessoas com seu trabalho. "Virei de ponta-cabeça e hoje agradeço muito por isso", avalia.

E você?

Como se sente profissionalmente? Separei alguns sinais que costumam ser comuns nas pessoas que não estão realizadas no trabalho:

- Sentir-se desanimado (a) ao acordar e pensar que tem que ir trabalhar.
- Achar que quase todas suas tarefas são burocráticas ou inúteis.
- Distrair-se facilmente e passar muito tempo na internet e nas redes sociais.
- Não gostar do seu chefe e de seus colegas de trabalho.
- Discordar dos valores e objetivos da sua empresa.
- Considerar que ganha muito mal.
- Contar os minutos para ir embora.
- Sentir-se irritado(a) a cada tarefa solicitada.
- Reclamar muito do trabalho.
- Considerar que só está nesse trabalho para não ficar desempregado(a).

Se você se identificou com um ou mais desses itens, talvez esteja na hora de começar a pensar sobre se seus propósitos de vida e profissional estão alinhados.

Você já pensou que tipo de acontecimento na sua vida poderia te fazer mudar de área profissional ou dedicar-se a trabalhos com projetos sociais?

CAPÍTULO 3

O que move as pessoas a trabalhar com causas sociais?

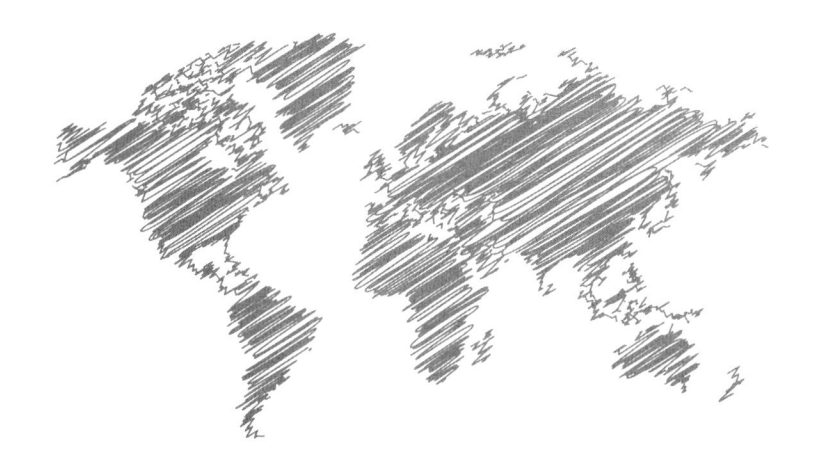

O catolicismo e o espiritismo (ou kardecismo) são as religiões sobre as quais mais tenho conhecimento. Por influência familiar, cursei o ensino fundamental em colégio católico, fiz catecismo e participei de diversos grupos de estudos sobre a doutrina espírita. Ao longo dos anos, porém, deixei de acreditar piamente em qualquer prática religiosa, embora tenha percebido que ter fé ajuda muito nos momentos mais difíceis da vida. Por isso valorizo todas as crenças e religiões, principalmente quando acolhem as pessoas sem fazer julgamentos, mas não concordo 100% com nenhuma delas. Considero-me um agnóstico que acredita em energias sobrenaturais.

Desde a adolescência, no entanto, me vem à mente com frequência questionamentos sobre o sentido da vida. Por que estamos aqui? E por que, no meu caso e provavelmente no seu, no Brasil, e não na Noruega ou no Níger? Junto desses pensamentos, acaba sendo inevitável pensar sobre a importância de se deixar algum legado neste mundo, algo que possa ajudar de fato a vida de outras pessoas. Você também já refletiu sobre isso?

Acredito que meu interesse em trabalhar com projetos sociais não deixa de ser um efeito dessa reflexão. Às vezes me imagino em uma situação — perto da morte ou exatamente depois de morrer, como se fosse um juízo final — em que alguém me pergunta sobre minhas realizações sociais.

— Que diferença você fez na vida de outras pessoas?

Se te perguntassem hoje qual sua maior realização social, você teria uma boa resposta para dar?

Quando comecei a escrever este livro, conhecia poucas pessoas que de fato tinham como objetivo de vida fazer a diferença na vida de outras pessoas, mas conforme fui pesquisando mais sobre projetos sociais e realizando entrevistas, passei a conhecer muitos indivíduos que têm contribuído para deixar nosso mundo mais humano e menos desigual.

Quase todos eles têm como propósito em comum gerar um ciclo do bem, mas há também quem entra em causas sociais "apenas" para se sentir mais útil e positivo, para combater o estresse ou para desenvolver habilidades socioemocionais.

Alguns nem sabem dizer muito bem por que entraram, enquanto outros buscam alguma forma de perdão ou querem retribuir por alguma ajuda que já tiveram anteriormente. No caso de participação em projetos sociais no exterior, além de todos esses fatores, há ainda o interesse pela possibilidade de troca de experiências, pelo conhecimento cultural, pelo aprendizado de uma nova língua e pelo aprimoramento profissional.

As histórias que contarei a seguir são de pessoas que começaram a trabalhar com projetos sociais por razões bem distintas, mas todas elas passaram a se sentir realizadas pessoal e profissionalmente por terem escolhido esse caminho. Elas cruzaram minha vida em momentos diferentes, e posso afirmar que são exemplos a serem seguidos por quem também sonha em trabalhar com projetos sociais e fazer a diferença no Brasil e no mundo.

Ajuda como ofício de vida

Conheci a jornalista **Roseli Tardelli** quando eu tinha por volta de 10 anos de idade. Ela frequentava o mesmo centro espírita que meus pais, na Zona Norte de São Paulo, e lembro-me deles apontando para ela e dizendo:

— Tá vendo aquela moça? Ela é jornalista e aparece na TV.

Na época, nem eles e nem eu imaginávamos que o Jornalismo seria minha profissão, mas já achávamos divertido conhecer pessoas que trabalhavam na televisão. Meus primeiros contatos com a Roseli foram a distância, mais visuais do que verbais, devido àquela vergonha típica da pré-adolescência. Isso foi no começo da década de 1990, quando ela apresentava o telejornal *Opinião Nacional*, da TV Cultura, ao lado do jornalista Heródoto Barbeiro.

Roseli foi a primeira mulher a apresentar o tradicional programa de entrevistas *Roda Viva*, também na Cultura, e a ancorar um radiojornal, o *Jornal Eldorado*, na Rádio Eldorado AM, ligada ao Grupo Estado. Ainda nessa emissora, ela criou e apresentou o programa de entrevistas e variedades *Espaço Informal*. Todas essas informações, só fui descobrir treze anos depois, quando entrei para a faculdade de Jornalismo.

Em busca de estágio na área, meus tios me sugeriram fazer contato com a Roseli, mas me lembro de que, na mesma época, tive um sonho com meu pai em que ele me falava para procurar Vilma Peramezza, que era sua amiga e trabalhava como síndica do condomínio Conjunto Nacional. Fiquei com aquela informação na cabeça por alguns dias, até me lembrar de que o escritório da Roseli também ficava nesse famoso condomínio na Avenida Paulista. Foi então que fiz a associação: Vilma-Roseli.

Após algumas ligações, sem mais aquela timidez toda de pré-adolescência, falei com a Roseli sobre meu desejo, e ela me convidou, em novembro de 2003, para estagiar na redação da Agência de Notícias da Aids, que ela havia acabado de fundar.

Ainda nos primeiros anos da década de 1990, Roseli ficou sabendo, ao voltar da Espanha após finalizar sua pós-graduação em Jornalismo, que seu único irmão, o tradutor Sérgio Tardelli, estava infectado pelo vírus HIV. Não conheci o Sérgio, mas segundo me contou Roseli e outras pessoas que o conheceram, ele era uma pessoa calma e de bem com a vida. "Meu irmão era um *gentleman*. Muito diferente de mim", brinca Roseli. "Ele se cuidava muito. Andava de bicicleta. Alimentava-se de maneira saudável. Não bebia, nem usava drogas", diz.

No entanto, ao se apaixonar por um rapaz que considerava ser o amor da sua vida, acabou fazendo o que quase todo mundo faz ou já fez na vida: sexo sem preservativo. E com alguns meses de relacionamento, descobriu que havia contraído o vírus causador da aids.

Em seu livro *O valor da vida: 10 anos da Agência Aids*, que usarei como referência diversas vezes daqui em diante para detalhar algumas histórias da vida de Roseli, ela conta como foi quando descobriu a sorologia positiva do irmão. "A primeira sensação que senti foi de raiva. Raiva da vida, raiva da doença e raiva da mancada do Sérgio. Transar sem proteção foi uma grande mancada", diz.

Depois que a poeira baixou, porém, ela procurou o irmão, e conversaram com calma. Em mais de quinze anos de amizade e contato frequente com a

Roseli, nunca a vi fugindo de desafios e se afastando de quem estava precisando, ainda mais de uma pessoa que ela tanto amava.

Também no seu livro, Roseli faz questão de ressaltar que nunca considerou o ex-parceiro do irmão o responsável por tudo o que veio a acontecer. "Ele também não sabia que estava infectado. A responsabilidade pela prevenção é nossa, e não do outro. Nessa história de aids e infecção, não dá pra responsabilizar ou culpar ninguém. Está na hora de parar de procurar culpados e ir atrás de se cuidar, se prevenir e procurar soluções", descreve. E foi justamente procurando soluções que ela deu início a sua luta social de combate à aids.

Em dezembro de 1993, Sérgio foi internado no Hospital 9 de Julho, na região central de São Paulo, com o sistema imunológico já bem debilitado em decorrência do HIV. Muito diferente da situação atual, na época não existiam os potentes medicamentos antirretrovirais. Havia apenas alguns remédios, como o AZT, cuja eficácia sozinha é bastante limitada e incapaz de controlar a doença. Durante essa internação, Roseli descobriu que o plano de saúde que ela pagava há vários anos para o irmão se recusara a custear os gastos do tratamento porque a aids não estava no rol de doenças cobertas. "Estávamos no quarto quando entrou uma representante da operadora de saúde e nos disse que eles não atendiam aquele tipo de doença", lembra indignada.

Ela foi até a administração do hospital, assinou um cheque caução para garantir o atendimento e saiu em busca de seus direitos. Ligou para uma advogada especializada em planos de saúde, que tinha conhecido há pouco tempo em uma entrevista, e dias depois obteve uma liminar que garantia o atendimento do irmão. Além disso, conseguiu apoio dos "coleguinhas da imprensa", como costuma dizer, que passaram a dar notoriedade pública para o assunto, e de ONGs do setor, como Grupo de Apoio à Prevenção à Aids (Gapa), de São Paulo.

Roseli deu início a um abaixo-assinado que pedia o atendimento de doenças preexistentes por parte dos convênios médicos e planos de saúde e teve o apoio de várias ONGs que atuavam na área. "Embora já tivéssemos uma liminar que estava garantindo o atendimento do meu irmão, a cada nova internação era uma luta. O plano protelava ao máximo a internação", lembra. "O direito ao atendimento deixou de ser uma briga pelo Sérgio e passou a ser por todas as pessoas infectadas que viessem a precisar de cuidados", acrescenta.

A batalha de Roseli e sua família em favor do atendimento de pessoas vivendo com HIV e aids pelos planos de saúde ganhou repercussão nacional e acabou servindo como exemplo para que muitos outros brasileiros conseguissem esse benefício por via judicial, até que, em 1999, tal direito passou a se tornar obrigatório por uma lei específica. Em novembro de 1994, porém, cinco anos antes desse grande marco que ajudou a conquistar, Sérgio veio a falecer. "Meu irmão morreu com trinta quilos e sem enxergar", lembra Roseli.

Sempre que fala do irmão, o tom de voz alto e acelerado da Roseli se acalma, sua garganta se enche de saliva e os olhos lacrimejam. Após a morte do Sérgio, ela não via mais sentido em trabalhar "apenas" como jornalista. Não que exercer tal profissão seja algo limitante para ela, muito pelo contrário. Roseli continua sendo jornalista e ama o que faz, mas desde então agregou suas habilidades de comunicação ao *advocacy* e à defesa das pessoas vivendo com HIV e aids ou que sofrem qualquer tipo de discriminação.

Em um dos primeiros trabalhos após a perda do irmão, Roseli viajou para o Arizona, nos Estados Unidos, para cobrir o lançamento de um carro, e de lá foi para Nova York, onde conheceu várias ONGs que atuavam contra a discriminação, entre elas o Gay Men's Health Crisis (GMHC).[1] Durante uma tarde nessa organização, Roseli recorda que se aproximou de um grupo de senhoras judias que ajudavam a embrulhar preservativos e notou um número tatuado no pulso de uma delas. Após alguns minutos de conversa, quis saber por que ela estava ali fazendo aquele trabalho, e ouviu algo parecido com:

---

[1] GMHC. Disponível em: <https://www.gmhc.org/>.

— Eu sobrevivi a um campo de concentração. Estou aqui porque abomino qualquer tipo de discriminação.

A cada dia que passava, Roseli se via mais envolvida com o ativismo em prol das pessoas excluídas. De volta ao Brasil, decidiu criar sua própria ONG, a Parceiros de Vida, com a missão de usar a arte para divulgar informações e levantar debates sobre a aids e outros temas sociais. Passou a produzir shows, rodas de conversas com especialistas e peças teatrais por várias cidades brasileiras. "Todas essas ações eram acompanhadas de atividades relacionadas à prevenção do HIV e combate ao preconceito", conta.

Roseli começou também a usar seus contatos profissionais e pessoais para apoiar outras ações sociais. Em meados dos anos 1990, articulou com empresários amigos a compra de móveis e a ampliação da Casa Vida — um dos primeiros lares de São Paulo destinados a crianças que perderam seus pais em decorrência da aids; e na mesma época considerou que poderia expandir seu trabalho se entrasse na política partidária.

Foi candidata a deputada federal em 1998 e, dois anos depois, a vereadora, mas não conseguiu se eleger. "Pelo menos coloquei a aids no palanque das discussões políticas, distribuímos muitas camisinhas e falamos sobre preconceito", comenta. "Não ter entrado na política partidária foi uma das melhores coisas que aconteceu na minha vida", avalia Roseli atualmente.

Em 2002, durante uma série de produções de shows em Brasília, a jornalista passou a visitar com frequência a sede da Agência de Notícias dos Direitos da Infância (Andi)[2] e, aos poucos, percebeu que, assim como as crianças, a "pauta aids" também merecia ter um serviço de informação especializado. Foi então que, em maio de 2003, lançou, em São Paulo, a Agência de Notícias da Aids. "Era preciso ampliar as discussões sobre o tema nas redações, propor pautas mais humanas e criativas", afirma.

---

[2] ANDI. Disponível em: <https://www.andi.org.br/>.

No começo, a Agência Aids chegou a ser vista com ressalvas por alguns ativistas, que não entendiam como uma jornalista bem-sucedida na profissão como ela saíra dos holofotes da mídia para se dedicar a uma iniciativa social, mas aos poucos o trabalho foi se mostrando útil para a imprensa e fundamental para as pessoas vivendo com HIV. O movimento social de luta contra a aids logo percebeu que a agência era mais um instrumento de comunicação para dar voz às suas ações.

Apenas dois anos depois de ser fundada, a Agência Aids foi reconhecida pela Organização das Nações Unidas para a Educação, Ciência e Cultura (Unesco)[3] como uma das melhores *práticas inovadoras* de comunicação local na América Latina. No mesmo ano, Roseli foi entrevistada pelo jornalista norte-americano Nicholas Kristof, que estava no Brasil produzindo uma reportagem especial sobre a influência da Igreja no enfrentamento da aids, e, além de ouvir as fontes indicadas por ela, citou o trabalho da Agência no *New York Times*.

Com tanto reconhecimento, o projeto logo se tornou a principal referência de notícias sobre aids no país. Além de jornalistas, hoje acessam diariamente a agência ativistas, médicos, gestores públicos, pesquisadores, professores e estudantes de várias partes do Brasil e do mundo, para se informar mais sobre o assunto.

Diversas vezes, reportagens publicadas pela agência já serviram como base para veículos como TV Globo, *Folha de S.Paulo*, *O Estado de S. Paulo*, UOL, *Carta Capital*, *Época*, entre outros. Diferentemente dos tradicionais serviços de notícias, a Agência Aids costuma informar os contatos das pessoas entrevistadas em suas reportagens, facilitando assim o trabalho dos jornalistas. Ao entrarem no site da agência ou receberem as sugestões de pautas por e-mail, eles têm acesso ao telefone e endereço eletrônico das fontes e podem entrevistá-las novamente, se desejarem. "Quem já trabalhou nas grandes re-

---

[3] Unesco — Organização das Nações Unidas para a Educação, a Ciência e a Cultura. Nações Unidas Brasil. Disponível em: <https://nacoesunidas.org/agencia/unesco/>.

dações sabe que isso faz uma baita diferença na produção das reportagens", comenta Roseli.

Minha entrada na Agência Aids, ainda como estagiário, aconteceu aproximadamente três meses depois de sua fundação. No começo, lembro-me de ter recebido algumas boas críticas da Roseli, mas ao contrário de alguns colegas que saíram da agência e foram buscar outros empregos, usei as cobranças dela como desafio profissional. Passei a ler mais, a me aprofundar sobre o tema, e comecei a perceber como o jornalismo poderia ser útil para influenciar positivamente a vida de muitas outras pessoas.

Em poucos meses, Roseli notou minha evolução e, dois anos após eu começara trabalhar na agência, ela me indicou para uma entrevista que havia sido convidada para fazer em Chicago, nos Estados Unidos, com o pesquisador John Martin Leonard — criador de um dos principais medicamentos usados no coquetel antiaids e, à época, vice-presidente de desenvolvimento de uma das maiores companhias farmacêuticas do mundo.

— Estou te indicando para ir no meu lugar, mas se você fizer feio, não precisa nem voltar mais para a Agência — disse Roseli.

Àquela altura, eu já conseguia absorver bem as brincadeiras e as pressões dela. Agarrei a oportunidade que tive de ir para os Estados Unidos e me prepararei para "não fazer feio". A entrevista com o pesquisador teria que ser em inglês, e embora eu fizesse curso de inglês há alguns anos, estava longe de conseguir conduzir uma entrevista nesse idioma. Mas, conforme tinha aprendido com a Roseli, jornalistas não podem perder a oportunidade de fazer uma boa entrevista.

Contratei um professor particular de inglês e utilizei minhas habilidades teatrais para memorizar as questões que faria ao pesquisador. Poucas semanas depois, estava lá em Chicago, fazendo perguntas que interessavam às pessoas vivendo com HIV e aids, mas não muito ao entrevistado, como sobre os motivos para o tão alto preço do medicamento que ele havia desenvolvido.

Assim que terminei a cobertura em Chicago, desliguei-me da Agência Aids por um ano para aprimorar ainda mais meu inglês. Primeiro nos Estados Unidos, depois no Canadá, e quando retornei a São Paulo, a Roseli aumentou o meu salário, e acabei me tornando o braço direito dela na redação da agência. Passei a fazer também a maior parte das coberturas internacionais, e em outubro de 2006, ela me indicou para a minha primeira consultoria para a ONU. Foi a partir dessa experiência que acabei me mudando para a África.

Antes de criar a Agência Aids, Roseli idealizou também o Camarote Solidário — um evento que passou a reunir centenas de amigos e conhecidos que de algum modo atuam na luta contra o preconceito para assistir a Parada do Orgulho LGBT (Lésbicas, Gays, Bissexuais, Travestis, Transexuais ou Transgêneros) de São Paulo passar pela Avenida Paulista.

Primeiramente no mezanino do condomínio Conjunto Nacional e, mais recentemente, no Parque Mário Covas, o evento arrecada alimentos dos convidados, que, somados, costumam passar de uma tonelada por ano, e repassa para instituições que atendem à população LGBT e/ou pessoas vivendo com HIV e aids em situação de vulnerabilidade social. "Esses alimentos garantem o almoço e o jantar de muitas pessoas por vários meses", comenta Roseli.

Outro grande projeto social idealizado por ela foi transformar a casa onde passou sua infância, no bairro Casa Verde, na Zona Norte de São Paulo, em um centro de reabilitação física e de convivência para pessoas com HIV. Batizado de Lá Em Casa — Saúde, Arte, Bem-Estar e Cidadania, a iniciativa foi criada em 2015, e desde então vem ajudando dezenas de pessoas a recuperar a autoestima. "Sempre achei que o local onde meu irmão viveu toda a dificuldade que o início da epidemia de aids trouxe tinha que ter uma função social e de acolhimento", comenta.

Para ela, que diz que desde a infância nunca viu alguém batendo à porta da sua casa e sair de mãos abanando, trabalhar com projetos sociais é mais do que fazer o bem para os outros. "É meu sentido, minha direção, meu foco. É o que me tira da cama todas as manhãs."

Com certeza, desde a data de publicação deste livro até hoje, no dia em que você está lendo este capítulo, Roseli iniciou ou apoiou vários outros projetos com fins sociais. Ela não cansa, não desiste, pois para ela, ajudar é mais que um ofício, é profissão de vida. "Reclamar não resolve nada, não acrescenta uma vírgula na história de ninguém. Só quero saber como fazer para ajudar — e tentar fazer diferente e fazer a diferença", afirma.

Há uma razão

Desde que me especializei em Jornalismo Social, aprendi que é muito deselegante começar descrevendo alguém a partir da sua doença ou deficiência. É que, além de ter certas particularidades biológicas ou físicas, todo entrevistado ou personagem de uma reportagem é, em primeiro lugar, um ser humano repleto de atributos. No caso da jornalista, escritora, palestrante e empreendedora **Jéssica Paula**, a perda de parte dos movimentos das pernas é considerada por ela mesma como um dado a ser enfatizado logo na sua apresentação, pois talvez isso tenha sido o principal responsável pelo seu envolvimento em causas humanitárias.

Nascida em Rio Verde, no sudoeste de Goiás, em 1991, Jéssica teve, aos 6 anos de idade, uma inflamação na garganta que migrou para a medula espinhal, causando mielite — uma doença que deixa os músculos muito fracos e moles, provocando paralisia. Após algumas semanas internada, ela se recuperou da infecção, mas foi obrigada a reaprender a andar por conta da paralisia que se tornou permanente em uma das pernas. Começou com cadeira de rodas, depois foi para o andador, até conseguir usar apenas muletas. "Cada conquista, como engatinhar ou ficar sentada sozinha e sem apoio, era uma grande vitória para mim e toda minha família", lembra.

Quando superou essa fase, Jéssica se deparou com outro grande desafio: viver com deficiência física em sociedade. Ela conta que, depois da paralisia, quase não saia de casa e se relacionava praticamente apenas com seus pais, tios e primos; e, quando decidiu deixar essa segurança familiar para ir à escola, depois ao colégio, e passar a conhecer mais pessoas, surgiram os *bullyings* e os preconceitos. "Vira e mexe, alguém dizia que eu nunca teria condições de me relacionar afetivamente com alguém", lembra.

Por achar que o motivo para esse tipo de comentário estava no local onde vivia, Jéssica decidiu cursar faculdade fora. Preparou-se psicologicamente, estudou e ingressou no curso de Jornalismo da Universidade de Brasília (UnB), aos 18 anos de idade. A mudança lhe fez muito bem, mas mesmo distante de Rio Verde, percebeu que a pressão por se relacionar afetivamente com outras pessoas não era da família, dos amigos ou conhecidos, mas dela mesma. "Essa cobrança estava dentro de mim. Por mais que a sociedade esteja repleta de preconceitos, percebi que não tinha o poder de mudá-la nesse sentido, mas eu poderia tentar mudar isso em mim", diz.

Como alternativa para lidar melhor com seus problemas, passou a dar mais atenção às dificuldades alheias e começou a se encantar por viajar e conhecer lugares inusitados. Sempre que visitava um novo local, desconectava-se do seu mundo cheio de angústias e aflições e se conectava aos mundos de outras pessoas, que logo percebeu ser, muitas vezes, mais difíceis que o seu. "Uma das minhas primeiras viagens marcantes foi para o Tocantins, onde passei alguns dias em uma aldeia indígena, dormindo em oca", lembra.

Em junho de 2012, por meio de um programa governamental que apoiava o intercâmbio de brasileiros no exterior durante a graduação, Jéssica foi estudar por um ano na Universidade Carlos III de Madrid, na Espanha, onde teve a oportunidade de viajar até a África. Os primeiros países africanos que visitou foram o Marrocos, pela maior proximidade geográfica com a Europa, e, na sequência, durante a mesma viagem, o Saara Ocidental, ambos na região norte do continente; e depois a Mauritânia, localizada na África Ocidental.

De volta à Espanha, Jéssica conta que ficou com a sensação de que gostaria de conhecer mais a fundo o continente considerado como o berço da humanidade. Refletiu, falou com alguns colegas de curso e professores e definiu que retornaria à África no ano seguinte para fazer seu trabalho de conclusão de curso (TCC). Dessa vez, porém, se prepararia para conhecer principalmente regiões em conflito ou pouco exploradas pela mídia internacional. "Queria ir para onde quase nenhum estrangeiro vai. Para onde até a ajuda internacional era bem escassa", comenta.

Após muita pesquisa, Jéssica definiu seu roteiro: Sudão, no norte da África; e Sudão do Sul, Etiópia e Uganda, na África Oriental. "Além de critérios logísticos, como distância, custo de alimentação e valor das passagens, tinham que ser países pouco conhecidos no Brasil", explica. "Sobre o Sudão, por exemplo, eu procurava informações na internet e o máximo que encontrava eram dados de relatórios, mas eu queria conhecer as pessoas que estavam por trás daqueles números dos relatórios. Como era o rosto delas, como elas se vestiam, como era o estilo de vida delas", comenta.

A viagem de Jéssica para essa região da África, em 2013, foi o que se costuma definir como *roots*. Ou seja, ela deixou realmente para trás o conforto do convívio com a família para viver de perto a realidade da maior parte da população africana. "Cheguei a ficar com apenas 3 dólares no bolso, o que me impossibilitava de comer direito ou sair do país, caso precisasse de algum auxílio médico urgente", conta.

Durante algumas semanas na África, Jéssica também contraiu malária, foi detida para prestar depoimentos à polícia local e teve que andar horas com sua muleta danificada. É que, devido às altas temperaturas do Sudão, a ponteira de borracha de uma das suas muletas derreteu completamente em contato com o asfalto que atingia temperaturas próximas a 55°C. "Sobrou apenas a parte de metal da muleta, e tive que ir atrás de uma borracharia para consertar", recorda.

Todas essas dificuldades, no entanto, foram fundamentais para que ela conseguisse entrar na intimidade das comunidades visitadas. "O aprendizado que tive e as histórias que ouvi, jamais as teria conseguido se eu tivesse ficado hospedada em um hotel", avalia.

Durante sua passagem pela Etiópia, Jéssica conheceu o refugiado congolês Al Bash. Assim que chegou ao campo de refugiados de Bambasi, no oeste etíope, ela conta que esse senhor, descalço e vestindo uma calça de linho já desgastada e uma camisa branca, se aproximou do carro onde estava, apoiou os braços na janela e disse:

— Eu sei por que você está aqui. Você está aqui por causa da gente. Quando voltar para o seu mundo, por favor, conte a eles que estamos aqui.

Para Jéssica, esse pedido foi como uma súplica por visibilidade. "Ele queria de alguma forma que as pessoas soubessem que existe ali naquela região um tipo de vida completamente diferente do que muitos de nós imaginamos existir", diz. "Apesar de o mundo ter esquecido deles, ele veio me pedir para que eu não esquecesse de dizer ao mundo que eles estavam ali", acrescenta. A rápida conversa com Al Bash nunca foi esquecida por ela e deu origem ao nome do seu livro: *Estamos aqui — Histórias das vítimas de conflitos no leste africano.*[4]

Apesar de tê-lo produzido como trabalho de conclusão do curso que fez em Madri em 2012, Jéssica só conseguiu publicá-lo em 2014, já de volta ao Brasil, graças a um financiamento coletivo (*crowdfunding*). "As pessoas pagaram pelo livro antes do lançamento, e, assim que consegui fundos suficientes, fiz a publicação de forma independente e enviei os exemplares a todos que me ajudaram", explica.

Em sua segunda edição, com mais de 2 mil exemplares vendidos, o *Estamos Aqui* traz diversas histórias e 58 fotografias de pessoas e lugares visita-

---

[4] PREGO, J. P. *Estamos aqui: Histórias das vítimas de conflito no leste africano.* 2. ed. Instituto Estamos Aqui, 2018.

dos por ela. "Minha ideia foi dar visibilidade a essa região pouco conhecida da África para os brasileiros e descrever como seria para uma mulher viver com deficiência física em zonas de conflito", comenta. A obra, da qual prometi não fornecer muitos detalhes para não dar *spoiler*, também conta com relatos de pessoas sequestradas para trabalhar na milícia do ugandês Joseph Kony, um dos dez criminosos mais procurados do mundo. Há anos escondido na selva, Kony é o atual chefe da Lord's Resistance Army, uma guerrilha que tenta estabelecer um tipo de governo teocrático em Uganda.

Além de chamar a atenção dos leitores para a existência no mundo de pessoas como Al Bash e Kony, o livro foi uma "carta na manga" para Jéssica enfrentar os momentos difíceis que passou após terminar o intercâmbio na Espanha. De volta a Brasília em 2013, ela tentou por meses trabalhar na cobertura de temas convencionais no jornalismo, como política, atualidades e economia, mas sentiu que isso já não fazia mais tanto sentido na sua vida. "Estava fazendo um trabalho mecânico, artificial, sem vida", diz. "Tive ataques de pânico e não conseguia ficar mais dentro de uma redação", completa.

Com sensações súbitas de medo e ansiedade intensa, afastou-se do jornalismo cotidiano e passou a se dedicar à divulgação do seu livro. Começou também a fazer palestras em universidades e empresas sobre inclusão de pessoas com deficiência, contando suas experiências no Brasil e na África, e em agosto de 2017, mudou-se para São Paulo, onde nos conhecemos.

Por intermédio de um amigo, Jéssica se encontrou com Roseli Tardelli e, após poucas palavras e muita afinidade, começou a trabalhar como repórter na Agência Aids. A mudança de cidade, dessa vez, segundo Jéssica, não teve mais o propósito de conhecer os problemas alheios, mas, sim, de resolvê-los. No principal centro econômico do país, ela diz que tem conseguido ficar mais perto de pessoas importantes para ajudá-la a ampliar seu novo projeto, o Estamos Aqui.

Além de ser a forma reduzida do nome do seu livro, o Estamos Aqui se transformou em uma iniciativa que visa o impacto social. Em parceria com diversas instituições, ela tem procurado ajudar algumas pessoas e comunidades retratadas em suas reportagens. "Estava me incomodando a função jornalística de dar visibilidade a um problema, mas deixar a bomba lá", diz.

A primeira ação do projeto Estamos Aqui envolveu a criação de um lar de acolhimento em Boa Vista, capital de Roraima, em parceria com a Agência Aids e o Fundo de População das Nações Unidas (UNFPA).[5] Jéssica esteve no estado mais ao norte do Brasil em 2018 e conheceu a venezuelana Nilsa Hernandez, na época com 60 anos de idade, que se refugiou no Brasil em busca de tratamento contra a aids.

Ao se deparar com a situação de extrema vulnerabilidade social vivenciada por ela, Jéssica decidiu angariar fundos para ajudá-la na construção de um abrigo que pudesse acolher outros imigrantes infectados pelo HIV. "Durante minhas andanças pela África, notei que o assistencialismo é fundamental nos momentos de crise, mas as pessoas querem e precisam de mais do que isso. A maioria delas quer autonomia para tocar suas vidas e projetos", comenta. "Com a criação desse abrigo, esperamos que Dona Nilsa e muitos outros venezuelanos resgatem um pouco da dignidade que perderam", acrescenta.

Segundo Jéssica, o objetivo principal do projeto Estamos Aqui é agir de forma prática. Extrapolar a função de comunicação social do jornalismo e ir além, criando recursos para ajudar efetivamente sempre de cinco a mais pessoas, seja no Brasil, na África ou em qualquer outro lugar do mundo. Isso vale para iniciativas nas áreas da saúde, educação, geração de renda, entre outras, que tragam impacto social. "Nas entrevistas e reportagens, passamos a entender o que as pessoas mais precisam e depois vamos atrás de ajudá-las", enfatiza.

Mesmo com as realizações do Estamos Aqui, Jéssica conta que costuma ser questionada em palestras e até em conversas informais com amigos sobre os motivos de se preocupar com os problemas sociais da África, e não os de seu país, onde também há muitas necessidades. E ela explica que a oportunidade

---

[5] UNFPA Brasil. Disponível em: <https://brazil.unfpa.org/pt-br>.

de ir para o continente africano surgiu sem muito planejamento. "Pensava um dia em trabalhar para o *Jornal Nacional*, mas fiquei sabendo da possibilidade de fazer um intercâmbio na Espanha, me candidatei, e deu certo. Quando lá cheguei, vi que estava muito perto da África e pensei: por que não?", diz. "E quando cheguei na África, percebi que, por mais que o Brasil também tenha muitos problemas, os de lá enfrentam aspectos sociais específicos e qualquer ajuda pode fazer muita diferença", compara.

Para a jornalista, a ideia de que precisamos ajudar só ou primeiramente os brasileiros soa como um "falso nacionalismo". Jéssica explica que tem interesse em ajudar pessoas e vê o mundo de forma global e integrada. "Somos todos seres humanos. Para mim, não importa onde nascemos, de onde viemos ou para onde vamos, mas, sim, que somos todos um grupo da mesma espécie, e nossa espécie se diferencia das outras por ser racional, o que nos possibilita cooperar e propagar o bem", diz.

Além de muita inspiração, Jéssica carrega outra grande marca que lhe faz lembrar da África. Uma tatuagem em árabe que pode ser traduzida por "Existe uma razão", em português. Nos momentos mais difíceis que passou no Sudão, enquanto estava presa e aguardava para ser deportada do país, ela ouvia muitas vezes do sudanês Yahya, que conhecera dias antes, a frase em inglês "There is a reason", que pode ser livremente traduzida como "há uma razão". Ela decidiu então marcar no seu pulso esquerdo essa lembrança na língua materna do amigo, que no alfabeto árabe é escrita da seguinte forma:

يوجد سبب

Essa frase soava como um mantra para ela e lhe dava força para se acalmar e aceitar o que estava acontecendo. Embora ainda esteja começando sua carreira em projetos sociais, fiz a ela a pergunta que muitas vezes ocupa minha mente: que tipo de legado você diria, hoje, que está deixando para o mundo? E ela me respondeu: "Nossa, que pergunta difícil!" Pensou um pouco mais e disse que saberia responder o que acha que as pessoas diriam que ela deixaria: "Um exemplo de resiliência a ser seguido."

Após vários anos combatendo essa ideia de ser um exemplo pelo fato de ter uma deficiência física, Jéssica me explicou que decidiu aceitar isso, pois percebeu que era algo intrínseco à maneira como as pessoas a viam. Depois dessa explicação, quando me preparei para encerrar nossa conversa, ela ajeitou a muleta que estava sobre seu colo e tentou novamente responder minha pergunta: "Eu acho que... (pausa). Eu acho que já consegui contribuir para que algumas pessoas, não muitas ainda, mas pelo menos algumas, deixassem suas condições sociais de extrema pobreza e passassem a ter uma vida mais digna e feliz; e é esse tipo de diferença que espero poder continuar fazendo por muito tempo na vida das pessoas."

Intercâmbio do bem

Nascido em 1989 no pequeno município gaúcho de Santa Rosa, **Eduardo Mariano** cresceu em Uruguaiana, cidade gaúcha que faz divisa com o Uruguai e a Argentina. Assim como aconteceu comigo, ele esteve desde a infância envolvido em ações sociais. Seus pais fundaram com amigos uma pequena ONG que ajudava famílias carentes da cidade com cestas básicas de alimentação, cursos de corte e costura e atividades educacionais.

Sem entender muito bem a importância dessas ações, ele diz que gostava de estar "ali no meio". Em 2009, Eduardo entrou para a faculdade. Foi aprovado em Administração no concorrido vestibular da Universidade Federal do Rio Grande do Sul (UFRGS). Sua convivência com organizações do terceiro setor acabou influenciando para que ele decidisse pesquisar, no trabalho de conclusão do curso, a importância da profissionalização nas diretorias das ONGs, mas sua carreira parecia que deslancharia na iniciativa privada.

Antes mesmo de se formar, em outubro de 2010, começou a trabalhar em Porto Alegre como estagiário em uma multinacional da área de tecnologia e informática e, em apenas três meses, foi efetivado. Passou a ocupar o cargo de assistente sênior na área financeira da empresa, mas não se sentia tão bem prestigiado na função. Foi então que, para continuar enriquecendo seu currículo, Eduardo pediu demissão do trabalho, em 2012, para estudar na Kedge Business School, na França, onde durante alguns meses teve aulas sobre Marketing, Finanças e Políticas Internacionais.

Na Europa, aproveitou o acesso mais fácil à Ásia e viajou para o Nepal, onde passou cinco semanas fazendo trabalho voluntário. A escolha por esse país localizado na encosta da Cordilheira do Himalaia se deu por uma vontade antiga que ele tinha em conhecer a região e devido à grande carência de recursos sociais no local.

Entre os países com baixo Índice de Desenvolvimento Humano (IDH), Eduardo fez uma lista com algumas opções, até escolher o Nepal, que, segundo o relatório divulgado em 2020 pelo Programa das Nações Unidas para o Desenvolvimento (PNUD), ocupava a 142ª posição no ranking de IDH, com 0,60 ponto. O Brasil aparecia nesse mesmo relatório na 84ª posição, sendo considerado um país com alto desenvolvimento humano, totalizando 0,76 ponto de IDH. A Noruega era o primeiro da lista, com 0,95 ponto e um índice muito alto de desenvolvimento humano.[6]

Entre junho e julho de 2013, Eduardo viveu no orfanato Tabata Home of Hope, no pequeno vilarejo nepalês de Chitwan, localizado próximo à Índia. Ao longo desses meses, deu aulas de inglês, brincou com os moradores da casa, que tinham entre 3 e 16 anos de idade, e ajudou em diversas tarefas de limpeza e na manutenção do orfanato. Foi um período de muito aprendizado e grande transformação pessoal para ele. "Percebi o quanto eu tinha conforto em casa e era uma pessoa privilegiada", conta.

---

[6] CONCEIÇÃO, Pedro *et al*. Relatório do Desenvolvimento Humano 2020. Disponível em: <http://www.hdr.undp.org/en/2020-report>.

De volta ao Brasil, Eduardo descobriu que havia vagas abertas na empresa onde trabalhava e regressou à multinacional, mas em poucos meses começou a se sentir insatisfeito. "Ocorreram algumas mudanças no comando da empresa, e eu, que era do financeiro, tinha que gerar fluxo de caixa mais rápido para que a gente tivesse mais dinheiro para que as dívidas fossem pagas, e isso acabou me desmotivando muito", relembra.

Sua decepção profissional só aumentava. Além da viagem ao Nepal, Eduardo lembra que tinha acabado de ler o livro *The Promise of a Pencil*[7] (que pode ser traduzido como "A promessa de um lápis"), do empresário norte-americano Adam Braun, que descreve como conseguiu construir mais de duzentas escolas em comunidades carentes na África, Ásia e América Latina. Diante desses dois tipos de imersão que fizera na temática social, Eduardo passou a se aproximar cada vez mais de modelos de negócios que visam o impacto social.

No começo de 2016, após refletir e conversar muito com seus pais e amigos, pediu demissão do trabalho para abrir sua própria empresa, uma agência de intercâmbio social. Em junho de 2016 nascia a Exchange do Bem,[8] fundada por ele em parceria com o também administrador Francisco Cavalcanti Reis na capital gaúcha.

A palavra *exchange*, em inglês, pode significar "troca" ou "intercâmbio", e a ideia deles foi criar um serviço para conectar, a partir do Brasil, voluntários para projetos sociais em diversas regiões do mundo com o propósito de fazer e receber o bem. "Não queremos criar um mundo novo, mas queremos tornar este mundo um lugar melhor, mais justo e igualitário", diz Eduardo, reforçando a missão da empresa. Com representação também na cidade de São Paulo, mas atuando no formato de *e-commerce*, com vendas em qualquer parte do mundo pela internet, a Exchange do Bem já conseguiu conectar até o mo-

---

[7] BRAUN, Adam. *The Promise of a Pencil: How an Ordinary Person Can Create Extraordinary Change.* Nova York: Scribner, 2014.

[8] Exchange do Bem. Disponível em: <https://exchangedobem.com/>.

mento mais de setecentos voluntários brasileiros em diferentes projetos sociais nas áreas da educação, saúde, amparo à infância, empoderamento feminino, esportes e defesa animal na América Latina, África e Ásia.

Os interessados em ter essa experiência contratam a agência, que funciona de forma parecida a uma empresa de intercâmbio convencional, ou seja, oferece diferentes locais de destino e ajuda na organização de toda a logística da viagem, como hospedagem, meios de transportes e seguro. No entanto, em vez de o intercambista ir para uma casa confortável e a uma escola tradicional, por exemplo, pode ficar hospedado em comunidades carentes de países como Quênia e Sri Lanka, prestando trabalho voluntário em áreas sociais.

A Exchange do Bem não é uma associação sem fins lucrativos, mas uma empresa social. Por isso, embora envolva a prestação de serviços de forma voluntária, os participantes precisam pagar pelos custos operacionais do negócio e da viagem. Além disso, os projetos e as comunidades que mais necessitam de ajuda geralmente são aqueles que menos recursos têm, explica Eduardo.

Como contrapartida, porém, a agência tem destinado parte da sua receita para essas iniciativas sociais. "Com a ajuda dos nossos voluntários, já construímos um sistema de drenagem para um orfanato em Gana, uma creche no Peru, levamos atendimento médico para o interior do Nepal, revitalizamos um projeto que cuida de crianças com deficiência no Brasil, pintamos e demos consultoria para um orfanato na Índia", lembra.

Ao perceber que as iniciativas sociais muitas vezes necessitam de ações contínuas para obter mais impacto, Eduardo explica que tem buscado trabalhar com várias organizações no Brasil e no exterior no sentido de manter um fluxo frequente de voluntários nos seus projetos. "Por ano, são mais de 45 iniciativas sociais ajudadas pelos nossos voluntários", comemora.

Eduardo tem observado também que muitas pessoas que participam de trabalhos voluntários no exterior, quando regressam ao Brasil, acabam criando suas próprias iniciativas sociais ou procuram participar de ações de organizações já existentes. "Além de conectar voluntários em vários projetos no mundo, sinto que estamos contribuindo para fomentar a cultura do voluntariado aqui, que, na minha opinião, ainda é bem limitada", diz.

O retorno financeiro da Exchange do Bem, embora ainda seja bem modesto, é fundamental para a continuidade da empresa, explica Eduardo, mas terá que andar sempre lado a lado com seu objetivo social. "Se fosse apenas para ganhar dinheiro, continuaria no meu trabalho antigo", diz. "Hoje posso dizer que trabalho muito mais, mas tenho mais energia e sou bem mais feliz. Na verdade, sou apenas uma pessoa comum que decidiu ajudar na vida de outras pessoas", completa.

E você?

Entre outros aprendizados e conquistas, Roseli transformou suas ações sociais em seu principal objetivo de vida. Jéssica conseguiu enfrentar o preconceito e se tornou uma empreendedora social. Eduardo se sente feliz e está muito realizado com seu trabalho, ajudando e conectando pessoas no Brasil e no mundo.

Você consegue imaginar por que trabalhar em um projeto social te faria bem? Sente-se preparado(a) para atuar em alguma iniciativa social no Brasil ou no exterior?

CAPÍTULO 4
Fazer a diferença requer formação e preparação

Quando comecei a estagiar na Agência de Notícias da Aids, em 2003, com 22 anos de idade, não imaginava que acabaria construindo uma carreira com trabalhos na área social. Estava procurando um emprego, e surgiu a oportunidade na agência. No início, até fiquei em dúvida se me interessaria pelo tema, pois, como contei, era ator e tinha escolhido estudar Jornalismo por ser um dos cursos com que mais me identificava dentro da área de humanas. Trabalhar com as ciências da saúde estava fora de cogitação para mim.

Com o passar dos meses, porém, fui percebendo que as reportagens e discussões envolvendo a aids eram muito mais sobre questões sociais do que médicas. Raramente escrevia sobre o mecanismo biológico pelo qual o vírus HIV infecta as células e se espalha pelo organismo, por exemplo, mas quase sempre estava entrevistando ativistas para pautas sobre direitos humanos, e psicólogos para tentar entender os valores que estão por trás do uso ou não do preservativo.

Escrevia com frequência também sobre a falta de medicamentos e estrutura na rede pública de saúde, os lobbys praticados pela indústria farmacêutica e pelos planos de saúde e o impacto da desigualdade social e de gênero nos casos de infecção pelo HIV. Cheguei a fazer diversas reportagens especiais, como sobre a proliferação da aids entre as pessoas que viviam em situação de rua e no sistema prisional.

Depois de quase dois anos na agência, negociei e consegui tirar de uma única vez os dois meses de férias a que eu teria direito. Usaria esse período para viajar ao exterior, pois até então só havia saído do Brasil por algumas horas, quando atravessei a fronteira brasileira de Corumbá (MS) para Puerto Suárez, na Bolívia. Queria fazer um intercâmbio em algum país de língua oficial inglesa e comentei com a Roseli sobre esse meu desejo, que me apoiou, mas me aconselhou a esperar um pouco, pois às vezes surgem oportunidades na agência de cobrir algum evento internacional, e quando isso ocorresse, ela me priorizaria.

Foi assim que acabei indo para Chicago, em maio 2005, entrevistar o cientista John Leonard. Como já contei, após a entrevista, desliguei-me da Agência Aids e passei um ano inteiro na América do Norte. De maio a outubro de 2005, entre Nova Jersey e Nova York, nos Estados Unidos, e de outubro de 2005 a maio de 2006, em Toronto, no Canadá.

Durante esse período, estudei inglês e fiz alguns cursos livres de teatro e redação jornalística e trabalhei como garçom, representante comercial e repórter *freelancer*. Aprendi muito nessa fase da minha vida, em especial sobre como lidar com culturas distintas, estar longe da família e me virar diante de imprevistos, como se perder nas ruas do Bronx, em Nova York, e conseguir chegar sozinho em casa, sem celular.

Todas essas minhas experiências no exterior foram importantes para que eu me enquadrasse, meses depois, no perfil de profissional que a ONU buscava para trabalhar como jornalista naquele serviço de notícias sobre aids em Joanesburgo, na África do Sul. O domínio das línguas inglesa e portuguesa era obrigatório. Ter morado fora do Brasil também foi fundamental, mas meu maior diferencial era conhecer profundamente sobre a pandemia de aids. Por escrever tanto sobre o assunto, estava acostumado com as taxas mundiais de infecção pelo HIV, com os nomes dos principais medicamentos antirretrovirais e seus efeitos colaterais, e até sobre algumas questões técnicas, como as contagens ideais dos exames de CD4 e carga viral — usados para avaliar os efeitos do HIV no organismo da pessoa infectada.

Além de dominar o tema, eu já havia participado de diversos eventos internacionais antes de receber o convite para ser consultor da ONU, o que me deu mais habilidade para fazer entrevistas em inglês. Em agosto de 2006, por exemplo, durante a cobertura da XVI Conferência Internacional de Aids em Toronto, participei de coletivas de imprensa com o ex-presidente dos Estados Unidos Bill Clinton e com o empresário Bill Gates, fundador da Microsoft.

Formação técnica

Hoje, quando me perguntam sobre como me preparei para prestar serviços para a ONU, costumo responder que, embora eu não tenha me planejado especialmente para isso, ter morado fora do Brasil, aprendido inglês, me especializado em aids e criado desenvoltura para a cobertura de eventos internacionais foi fundamental para estar dentro do perfil de profissional que eles buscavam. Diferentemente de ações voluntárias, quando prevalecem características como ter iniciativa e ser empático, para atuar profissionalmente no exterior é preciso ter diferenciais técnicos, pois, caso contrário, é muito mais viável para o empregador contratar pessoas do próprio país.

Para profissionais da área da saúde, por exemplo, se não houver domínio da língua local (país de destino) ou habilidades para se comunicar em inglês ou espanhol, dependo da região, além de preparação prévia para lidar com as principais doenças e problemas a serem encontrados no lugar em que trabalhará, é melhor nem ir, explica o médico ortopedista e acupunturista Fábio de Castro Jorge Racy.

Integrante do corpo clínico do Hospital Israelita Albert Einstein, em São Paulo, Dr. Fábio se interessa por trabalhos humanitários há vários anos, e sua primeira grande experiência foi no Haiti, quando fez parte da equipe assistencial brasileira enviada para o país caribenho com o intuito de ajudar as vítimas do terremoto que deixou cerca de 250 mil mortos em 2010, entre eles a fundadora da Pastoral da Criança, a brasileira Zilda Arns Neumann. "Passei cerca de três semanas no Haiti atendendo em um hospital de campo, onde havia uma estrutura incrível, com duas salas cirúrgicas, farmácia, almoxarifado, laboratório, sala de emergência e várias barracas enfileiradas, sendo que cada fileira representava um andar de hospital, e cada barraca, uma enfermaria", lembra ele com empolgação.

Ao retornar do Haiti, Dr. Fábio começou a estudar sobre respostas a desastres, gerenciamento de crise e ação humanitária, assuntos relacionados à Medicina de Desastre. Entre outubro de 2016 e agosto de 2018, realizou dois treinamentos médicos (Programas de *Fellowship*) em Medicina de Desastre: o primeiro na Fundação SAMU, em Sevilha, na Espanha, e o segundo em Boston (Estados Unidos), no Beth Israel Deaconess Medical Center — um hospital-escola da Faculdade de Medicina da Universidade de Harvard.

Durante essas experiências, ele teve a oportunidade de integrar uma missão de cooperação internacional em Tan-Tan, no Marrocos, participar de uma pesquisa de campo em Porto Rico que envolvia agravos à saúde e mortalidade em decorrência do furacão Maria e fazer parte de uma missão humanitária aos refugiados sírios no campo de Zaatari, na Jordânia. No começo de 2019,

Dr. Fábio coordenou o trabalho de assistência psicossocial prestado às vítimas do rompimento da barragem em Brumadinho, no estado de Minas Gerais.

Em todos esses trabalhos, ele observou o quão importante é ter o suporte apenas de pessoas treinadas para lidar com situações de catástrofes. "Temos que evitar a assistência desordenada. Geralmente, quando acontece um desastre, algumas pessoas correm para o local para tentar ajudar, mas isso pode acabar prejudicando as ações das autoridades e colocando a vida de outras pessoas em risco, mesmo que os interessados sejam profissionais da saúde", comenta.

Por isso, quem tiver interesse em participar de organizações humanitárias na área da saúde, além de estudar outros idiomas (o inglês quase sempre é fundamental), deve procurar por cursos preparatórios para atendimentos em situações de catástrofes. Outra dica valiosa, em especial para os jovens, é se envolver em grupos que promovem o trabalho em equipe, como os escoteiros.

Criado em 1907 por Robert Stephenson Smyth Baden-Powell, ex-tenente-general do Exército Britânico, o escotismo é um movimento juvenil mundial que visa o crescimento individual dos seus participantes, incentivando atitudes como fraternidade, lealdade, companheirismo, altruísmo, responsabilidade, respeito e disciplina.[1]

Importância de ser voluntário

Para a psicóloga Elaine Teixeira, um dos grandes diferenciais na preparação da sua carreira internacional foi ter feito trabalho voluntário por vários anos no Brasil. Nós nos conhecemos em 2006, durante a Conferência Internacional de Aids em Toronto, e por coincidência nos revimos em Moçambique no ano seguinte, quando ela começou a trabalhar para a organização humanitária

---

[1] AQUINO, A. R. O escotista e o clã pioneiro. [S.l.] Landmark, 2015.

Médicos Sem Fronteiras (MSF) naquele país africano. Elaine começou a perceber seu interesse pela área social durante a graduação, e, no último ano do curso, ao ter que escolher uma instituição na qual fazer estágio, aproximou-se do Grupo de Incentivo à Vida (GIV),[2] em São Paulo, uma das principais organizações não governamentais brasileiras de defesa dos direitos das pessoas vivendo com HIV e aids.

De 1998 a 2007, Elaine atuou como voluntária na equipe de saúde mental do GIV e, embora nunca tenha recebido salários, sempre encarou suas atividades como se fossem um trabalho formal. "A partir do momento em que me comprometia com alguma ação, não podia faltar ou dar menos valor só pelo fato de não receber", diz. "Todas as semanas, participava de reuniões ou atendimentos à noite, e às vezes, até nos finais de semana", lembra.

Pelo comprometimento, formação em Psicologia e domínio da língua inglesa, Elaine foi uma das voluntárias do grupo escolhidas para participar de um projeto no Brasil financiado pela associação francesa Solidarité Sida. Nessa iniciativa, que previa uma pequena ajuda de custo aos formadores, ela treinou ativistas com HIV para se aproximarem de outras pessoas infectadas para ajudá-las a superar problemas como a não adesão ao tratamento, o preconceito e a reinserção social. E, por falar inglês, foi convidada para integrar uma pequena equipe do GIV que participou da Conferência Internacional de Aids em Toronto, em 2006. "Se a faculdade de Psicologia foi a responsável por aflorar em mim o interesse por questões sociais, o GIV foi a confirmação de que era isso o que eu queria fazer na minha vida: um trabalho que tivesse um impacto mais concreto na vida das pessoas", avalia.

Após o primeiro evento fora do Brasil, Elaine passou a sonhar com a possibilidade de trabalhar para organizações humanitárias, embora nem imaginasse por onde começar. Até que um dia, no começo de 2007, uma colega de trabalho que já sabia do seu interesse pela temática chegou com a seguinte informação, que mudaria drasticamente sua carreira:

---

[2] Grupo de Incentivo à Vida. Disponível em: <http://www.giv.org.br/>.

— Li em um anúncio que o escritório da MSF, no Rio de Janeiro, está selecionando profissionais para atuarem no exterior. Você precisa se inscrever!

De imediato, Elaine não deu tanta importância, pois pensou que não tinha chances devido à pouca experiência na área, mas como a colega insistiu muito, acabou se candidatando. Alguns dias depois do envio do currículo, representantes da MSF entraram em contato dizendo que tinham interesse no perfil dela e perguntaram se ela poderia ir ao Rio de Janeiro continuar o processo seletivo. Muito surpresa, aceitou o convite e viajou à capital fluminense, onde passou por entrevistas em português e inglês e por dinâmicas de grupo.

Ao todo, foram dois dias de atividades envolvendo o processo seletivo, e os representes da MSF sempre deixaram claro que a missão poderia ser em qualquer um dos mais de setenta países onde essa organização atuava, lembra a psicóloga. "Nesse momento, eu estava curiosa sobre qual poderia ser meu destino e motivada a passar por tal experiência. Já tinha chegado até essa etapa e não iria jamais desistir de fazer minha primeira missão humanitária onde quer que fosse", comenta.

Depois de alguns dias e noites de ansiedade, Elaine recebeu outra ligação da MSF, dessa vez informando que ela havia sido aprovada no processo seletivo e que sua missão seria no enfrentamento do HIV e da aids em Moçambique. "Nunca imaginei que ter dedicado poucas horas por semana como voluntária no GIV seria tão relevante assim para conseguir uma oportunidade de trabalho em uma das organizações humanitárias mais importantes do mundo", diz.

Elaine trabalhou por aproximadamente quatro anos e meio na MSF, realizando missões em Moçambique, na Suazilândia (atual Essuatíni) e no Brasil. Devido à experiência adquirida, prestou consultorias também em Moçambique para a Absolute Return for Kids (Ark),[3] instituição internacional com sede no Reino Unido voltada à educação infantil, e para o Ministério da

---

[3] Absolute Return for Kids (ARK). Disponível em: <https://arkonline.org/>.

Saúde moçambicano, quando ajudou a desenvolver um guia para orientar e integrar as estratégias que envolviam cuidados psicossociais e adesão ao tratamento e outros cuidados de saúde relacionado ao HIV naquele país.

Preparando-se desde a infância

Embora sonhasse em ser jogador de futebol e tenha exercido tal atividade até quase se tornar profissional, aos 17 anos de idade, o brasiliense Rodrigo Português começou a estudar inglês aos 9 anos. Na adolescência, quando chegou o momento de escolher o curso de graduação, cogitou fazer Educação Física, mas acabou mudando para Relações Internacionais. "Eu gostava muito de esporte, mas também de inglês e era fascinado por viajar e conhecer outras culturas", comenta.

Já na graduação, Rodrigo se empolgava com os relatos de alguns professores que haviam atuado em organizações humanitárias. "Eu ouvia um monte de histórias interessantes e me imaginava sendo um capacete azul", referindo-se à maneira como são conhecidos os soldados das Nações Unidas nas missões de paz, "e trabalhar em países como Somália e Sudão", acrescenta.

Em paralelo à faculdade, ele começou a estudar espanhol, o que lhe abriu mais oportunidades profissionais, como o estágio que conseguiu na área de cooperação internacional com países em desenvolvimento (Cooperação Sul-Sul) junto à Assessoria de Assuntos Internacionais em Saúde (AISA) do Ministério da Saúde, em junho de 2003. Em seis meses nesse órgão, Rodrigo foi efetivado e trabalhou por mais de dois anos no Governo brasileiro, atuando em diversos cargos técnicos relacionados à cooperação internacional na área da saúde com países da África, do Oriente Médio, da América Latina e do Caribe e no Timor-Leste, na Ásia.

Em 2006, ele se inscreveu em um curso de mestrado em Saúde Global na Universidade de Alberta, no Canadá, desligou-se do Ministério da Saúde e viajou para aquele país um ano antes de começarem as aulas. "Embora já dominasse o inglês, precisava ganhar um pouco mais de fluência", explica. Durante esse período, trabalhou como garçom, na limpeza de escritórios e estádios e até na construção civil. Um dia, em visita à Universidade de Toronto, se deparou com um anúncio da organização dinamarquesa Humana People to People,[4] com representação nos Estados Unidos, à procura de voluntários para trabalhar em projetos ligados ao combate da aids na África, e como era um desejo antigo, candidatou-se.

Com experiência e formação técnica na área, foi selecionado, mas descobriu que, antes de ir ao continente africano, teria que passar por seis meses de treinamento em Williamstown, no estado de Massachusetts (EUA), e tal formação custava US$3,5 mil — valor a ser utilizado também para pagar parte dos custos da viagem. Sem condições de despender tal quantia, Rodrigo solicitou uma bolsa. Não conseguiu, mas, algumas semanas depois, recebeu uma contraproposta de juntar-se à equipe de recrutamento da organização com o objetivo de divulgar no Brasil, Canadá e Estados Unidos esse trabalho de seleção de voluntários, e aceitou o convite.

Em fevereiro de 2007, Rodrigo embarcou para os Estados Unidos e se dedicou à tarefa de promover e recrutar novos voluntários. Seis meses depois, iniciou o treinamento em Williamstown e acabou desistindo do mestrado no Canadá para fazer um trabalho voluntário pela organização social Humana People to People em Moçambique, onde nos conhecemos, em 2008.

Eu morava na capital, Maputo, e ele, na cidade vizinha Matola, no bairro da Machava, onde se concentra a maioria das indústrias do país e também a sede do projeto da Humana People to People, denominada em Moçambique como Ajuda de Desenvolvimento de Povo para Povo (ADPP). Seu primeiro grande projeto foi de conscientização sobre prevenção, testagem e tratamento do HIV/aids em centros de saúde, escolas secundárias, institutos vocacionais e no local de trabalho, atuando em parceria com a Mozal, empresa de alumínio

---

[4] Humana People to People. Disponível em: <https://www.humana.org/>.

responsável por parte significativa do total das exportações de Moçambique, e demais empresas da região.

Ao fim dos seis meses de trabalho voluntário em Matola, Rodrigo continuava querendo trabalhar com projetos sociais em Moçambique e conseguiu um emprego em Maputo, na Population Services International (PSI),[5] organização sediada nos Estados Unidos, mas com atuação em mais de cinquenta países.

Por quase quatro anos em Moçambique, realizou diversas atividades estratégicas relacionadas ao marketing social do preservativo masculino e feminino, purificação de água, redes mosqueteiras, prevenção do HIV/aids no local de trabalho, e em agosto de 2012, aceitou uma proposta de outra organização que atua no setor de planejamento familiar e prevenção de doenças sexualmente transmissíveis, a DKT Internacional,[6] e mudou-se para a Índia, onde assumiu o cargo de vice-diretor nacional.

Nos primeiros quatro meses naquele país asiático, Rodrigo morou em Patna, capital do estado de Bihar, localizado às margens do rio Ganges, e depois foi para Lucknow, capital de Uttar Pradesh, estado cujo território total equivale ao do estado de São Paulo, mas a população é quase igual à do Brasil inteiro, e lá viveu por um ano e dois meses. Recém-casado, Rodrigo encontrou bastante dificuldades em morar com sua esposa na Índia, o que contarei em detalhes mais adiante, e acabou pedindo demissão da DKT na Índia em janeiro de 2014 para viver em Londres. Em poucos meses, porém, foi convidado a iniciar um projeto online de alcance global para a DKT baseado na capital inglesa, e desde então, tem gerenciado diferentes iniciativas voltadas à comercialização de produtos relacionados à saúde sexual e reprodutiva das mulheres em mais de noventa países.

"Trabalhar com projetos é um tipo de missão bastante gratificante, pois nos desenvolvemos culturalmente, fazemos amizades com pessoas de várias partes

---

[5] Population Service International. Disponível em: <https://www.psi.org/>.
[6] DKT Internacional. Disponível em: <http://www.dkt.com.br/>.

do mundo e somos pagos para ajudar a vida de outras pessoas, mas é uma área também repleta de desafios e exige muita preparação e disposição", avalia. "Viver longe da família e, muitas vezes, do Brasil, passando grande parte do nosso tempo em lugares inóspitos, é bem comum nesse tipo de trabalho", contrapõe.

Características fundamentais para trabalhar em projetos sociais

Com base nas minhas experiências, em pesquisas sobre o assunto e em conversas que tive com Dr. Fábio, Elaine, Rodrigo e vários profissionais que atuam na área de recrutamento de pessoas, selecionei doze características importantes para quem deseja atuar em projetos sociais no exterior. São elas:

1. Comprometer-se com a causa.
2. Ter empatia.
3. Estar preparado para a função a ser ocupada (ter formação na área em que atuará e domínio do idioma oficial da instituição).
4. Saber trabalhar em equipe.
5. Ter iniciativa.
6. Ser polivalente e capaz de buscar soluções para situações complexas.
7. Comunicar-se de forma efetiva.
8. Ser humilde e respeitar as culturas locais.
9. Ser resiliente.
10. Ter disposição para viver em lugares desconfortáveis e, às vezes, até inóspitos e instáveis socialmente (perigosos).
11. Ser flexível.
12. Estar motivado e comprometido.

Caro leitor ou leitora, quantas dessas características você acreditar ter? Se precisar, peça ajuda para as pessoas que te conhecem para responder a essa questão. Como este capítulo tem por objetivo ajudá-lo no processo de preparação para participar de um projeto social no exterior, gostaria de propor uma rápida avaliação. Primeiramente, defina qual seu principal interesse de atuação social fora do Brasil:

- Exercer trabalho voluntário.
- Trabalhar profissionalmente de modo remunerado.

Se seu desejo for o voluntarismo, saiba que as características 5 e 9 da lista anterior, ou seja, **ter iniciativa** e **ser resiliente** (ter a capacidade de lidar com problemas, adaptar-se a mudanças, superar obstáculos ou resistir à pressão de situações adversas), são quase que obrigatórias. Outros aspectos muito importantes para quem deseja atuar como voluntário fora do Brasil são: **saber trabalhar em equipe, ser humilde e respeitar as culturas locais e comunicar-se de forma efetiva.** O coordenador da agência de intercâmbio social Exchange do Bem, Eduardo Mariano, contou-me que já chegou a rejeitar a participação de alguns possíveis intercambistas por não perceber neles essas características inerentes ao trabalho social voluntário fora do Brasil.

Mas se seu objetivo for trabalhar profissionalmente e de modo remunerado no exterior, ou seja, receber por consultorias, ingressar em uma organização de ajuda humanitária ou até em empresas que visam o impacto social, é imprescindível que você tenha as seguintes características: **formação técnica** na área em que atuará, **domínio do idioma oficial da instituição** e **comprometimento com a causa** a ser defendida. Além dessas características, também são considerados atributos essenciais para trabalhar em projetos sociais fora do Brasil a **polivalência**, a **alta capacidade de buscar soluções para situações complexas**, a empatia, a **humildade** e, novamente, o tão importante **respeito às culturas e tradições locais**.

Caso você ainda não tenha essas aptidões, sugiro aprimorá-las antes de procurar por um trabalho voluntário ou remunerado no exterior. Existem diversos textos e vídeos na internet, livros e até cursos focados no desenvolvimento dessas características.

Hoje percebo que, embora eu não tenha planejado minha formação com o intuito de trabalhar com projetos sociais, ter estudado Teatro e Jornalismo me ajudou bastante no desenvolvimento das habilidades técnicas e socioemocionais que os recrutadores dizem ser essenciais para quem deseja atuar na área.

Tente pensar um passo de cada vez, criando vários pequenos objetivos de curto prazo. Isso ajuda a evitar a procrastinação. Segundo pesquisa conduzida por cientistas das Universidades de Michigan e do Sul da Califórnia, divulgada pela revista científica *Psychological Science*, nós seres humanos temos a tendência de tomar uma atitude mais cedo quando utilizamos como base para nossa meta um prazo estipulado em dias, em vez de anos.[7]

> **Para se aprimorar!**
>
> **Livros:**
> - *O código da inteligência* (Augusto Cury)
> - *Inteligência emocional* (Daniel Goleman)
> - *Mindset: A nova psicologia do sucesso* (Carol Dweck)
>
> **Vídeos e documentários:**
> - *O que é inteligência emocional e como desenvolvê-la* (Geronimo Theml/YouTube)
> - *A revolução altruísta* (Sylvie Gilman e Thierry de Lestrade/YouTube)
> - *Vivendo com um dólar* (Chris Temple, Zach Ingrasci, Sean Leonard/Netflix)
>
> **Cursos e treinamentos:**
> - Sociedade Brasileira de Inteligência Emocional (www.sbie.org.br)
> - Instituto de Desenvolvimento de Excelência Pessoal e Empresarial (www.indepe.net)
> - Instituto Politécnico de Ensino a Distância (www.iped.com.br)

Para que nosso futuro ganhe força e nos motive a uma ação no presente, ele precisa parecer iminente. Ou seja, quando mudamos as métricas de tempo, nosso senso de urgência fica mais aguçado. Isso também ajuda a reduzir

---

[7] LEWIS JR., N. A.; OYSERMAN, D. When Does the Future Begin? Time Metrics Matter, Connecting Present and Future Selves. *Psychological Science*, 2015. Disponível em: <https://journals.sagepub.com/doi/abs/10.1177/0956797615572231>.

nossa ansiedade, pois pensar em dias parece ser algo bem mais viável de ser conquistado do que em anos.

Outra dica importante é tornar sua meta pública. Ao idealizar este livro, por exemplo, comecei a contar para muitas pessoas sobre minha ideia, e creio que isso aumentou ainda mais o meu comprometimento com a execução diária de cada nova tarefa.

E você?

Como foi sua autoavaliação para atuar em projetos sociais? Você se sente preparado(a) para realizar um trabalho voluntário ou remunerado no exterior e ajudar a fazer a diferença no mundo? Se essa realmente for a sua vontade, tenho certeza de que conseguirá.

Comece a pensar diariamente nas características fundamentais para quem deseja realizar um bom trabalho social e estabeleça um pequeno plano de metas, descrevendo quais são suas maiores vantagens e desvantagens para conseguir tal trabalho, destacando o que precisa ser feito e em quanto tempo.

No próximo capítulo, contarei quais áreas e tipos de atividades sociais costumam precisar mais de colaboradores, e ao longo do livro, apresentarei outros elementos fundamentais para a criação do seu plano de ação.

CAPÍTULO 5
Como escolher uma causa que combina comigo?

Moçambique, onde estive envolvido em diferentes projetos sociais por mais de três anos, passou por um longo período de conflito armado. Primeiramente entre 1964 e 1974, pela independência, quando a Frente de Libertação de Moçambique (FRELIMO), liderada por Eduardo Mondlane, Samora Machel e muitos outros "camaradas", maneira pela qual se chamavam, lutou contra as Forças Armadas de Portugal, e depois entre 1977 e 1992, pelo comando interno do país.

Naquela época, o mundo vivia o intenso período da Guerra Fria, e a FRELIMO, apoiada pela extinta União Soviética, ganhou o combate contra os soldados portugueses, mas não obteve reconhecimento total no país. Com diretrizes políticas socialistas, o governo da FRELIMO passou a ser atacado pelo grupo anticomunista Resistência Nacional Moçambicana (RENAMO).

Liderada por André Matsangaíssa, um dissidente da FRELIMO, e depois por Afonso Dhlakama, a RENAMO recebia apoio dos governos de minoria branca da Rodésia (Zimbábue, a partir de 1980) e da África do Sul, que vivia sobre o regime do *apartheid*, e indiretamente dos Estados Unidos, que defendiam políticas capitalistas liberais e temiam um grande avanço do comunismo no continente africano.

Durante os dez anos da Guerra pela Independência, estima-se que aproximadamente 65 mil pessoas morreram em Moçambique;[1] e ao longo dos 15 anos de Guerra Civil, foram cerca de 1 milhão de mortos,[2] além da destruição de muitos hospitais, escolas e outros órgãos públicos. Em 4 de outubro de 1992, porém, com intermediação da Itália, mais precisamente pela organização social católica Comunidade de Santo Egídio, foi assinado em Roma pelos presidentes de Moçambique na época, Joaquim Chissano, e da RENAMO, Afonso Dhlakama, o tão esperado Acordo Geral de Paz. Passados quase 30 anos do fim da guerra, a FRELIMO se mantém no poder governamental do país, mas desde 1990 Moçambique se tornou oficialmente uma nação multipartidária, com eleições a cada 5 anos, incluindo a participação da RENAMO no processo eleitoral.

Mesmo com princípios de ressurgimento dos conflitos armados em 2013, envolvendo combates atribuídos à RENAMO contra as Forças Armadas do Governo nas regiões central e norte do país, muito se avançou em relação ao processo democrático em Moçambique. Por outro lado, os danos provocados ao longo dos 25 anos de guerra trazem grandes sequelas até hoje ao país. Diversos setores da economia, da saúde e da educação moçambicana, que já

---

[1] LEITENBERG, Milton. *Deaths in Wars and Conflicts in the 20th Century*. 3. ed. Ithaca: Cornell University, 2006. Disponível em: <https://www.clingendael.org/sites/default/files/pdfs/20060800_cdsp_occ_leitenberg.pdf>.

[2] U.S. DEPARTMENT OF STATE. *U.S. Relations with Mozambique*, 2016. Disponível em: <https://2009-2017.state.gov/r/pa/ei/bgn/7035.htm>.

eram limitados durante a colonização portuguesa, ficaram quase que paralisados no decorrer dos conflitos. Além disso, quando foi assinado o Acordo de Paz, milhões de moçambicanos que tinham se refugiado nos países vizinhos começaram a voltar, aumentando a crise social no país.

Hoje, entre outros desafios, Moçambique luta contra a pobreza, a fome, a corrupção sistêmica, o baixo índice de educação escolar, as epidemias, a inflação alta e os enormes índices de desemprego. Em 2017, começou, no norte do país, na província de Cabo Delgado, uma insurreição de um grupo terrorista que se diz ligado ao Estado Islâmico e que tem gerado diversos conflitos armados com o exército moçambicano, provocando o deslocamento de mais de 300 mil pessoas e a morte de algumas dezenas.[3]

Outros grandes problemas do país, como proteção ambiental, igualdade de gênero, defesa pelos direitos das minorias sociais, como população LGBT (lésbicas, gays, bissexuais, travestis e transgêneros), pessoas com deficiência física e mental e dependentes químicos, também carecem de muito suporte, embora sejam questões cujo debate ainda é bastante incipiente no país.

De modo geral, as necessidades de Moçambique não se diferem muito daquelas da maioria dos outros países que precisam de ajuda internacional, estejam eles na África, na Ásia, na América Latina ou em qualquer outra região do mundo. Ou seja, se você está se preparando para trabalhar com projetos sociais, é provável que de algum modo acabe atuando diretamente ou indiretamente para o desenvolvimento de uma dessas áreas citadas.

---

[3] *Insurgência ameaça segurança alimentar em Moçambique*. Deutsche Welle, 2020. Disponível em: <https://www.dw.com/pt-002/insurg%C3%AAncia-amea%C3%A7a-seguran%C3%A7a-alimentar-em-mo%C3%A7ambique/a-55026306>.

Epidemias e pandemias

Como relatei anteriormente, cheguei em Moçambique para realizar atividades como jornalista na cobertura de temas relacionados à aids. Lembro-me de que "o combate à Sida", como a doença é chamada por lá, fazia parte de quase todos os discursos presidenciais em relação aos grandes desafios do país. Ainda hoje morrem anualmente aproximadamente 62 mil moçambicanos em decorrência do vírus HIV, segundo estimativas das Nações Unidas.[4] No mundo, essa doença atinge cerca de 1,7 milhão novas pessoas por ano, sendo que até 2020, aproximadamente 34 milhões de pessoas já haviam perdido a vida por conta da aids.[5]

Embora a pandemia da covid-19 e outras doenças virais com potenciais de se alastrar pelo mundo tenham passado a concorrer com o financiamento mundial recebido pela aids, o enfrentamento do HIV, até mesmo por ser uma infecção ainda sem cura, continua sendo uma área relevante na qual brasileiros trabalharem com projetos sociais, sobretudo na África Subsaariana e na Ásia.

Nessas duas regiões do mundo, está concentrada quase metade do total de 36,9 milhões de pessoas vivendo com HIV no planeta.[6] Além disso, como o Brasil se tornou referência mundial pela resposta positiva que conseguiu dar contra a epidemia de aids, brasileiros que têm experiência na área tendem a ganhar certa vantagem nos processos seletivos para vagas internacionais.

O enfrentamento mundial da aids, no entanto, está cada vez mais interligado ao de outras doenças de contágio sexual, à tuberculose, às hepatites virais, assim como a fatores de desigualdades sociais, de preconceito e marginalização. Além do HIV, costumam necessitar de muita ajuda humanitária

---

[4] Mozambique *UNAIDS*, 2018. Disponível em: <https://www.unaids.org/en/regionscountries/countries/mozambique>.
[5] UNAIDS. Disponível em: <https://www.unaids.org/en>.
[6] Idem. *Fact Sheet — Latest Global and Regional Statistics on the Status of the AIDS Epidemic*, 2018. Disponível em: <https://www.unaids.org/sites/default/files/media_asset/UNAIDS_FactSheet_en.pdf>.

internacional os programas e projetos contra doenças do trato respiratório, como a bronquite e a pneumonia; de doenças diarreicas causadas por infecções virais, bacterianas e parasitárias; e de doenças transmitidas por picadas de mosquito, como malária, dengue, febre amarela, zika e chikungunya.

Entre 2014 e 2016, a epidemia de ebola, doença viral transmitida por meio do contato com fluídos corpóreos de pessoas infectadas, também chamou muita atenção dos organismos internacionais, quando afetou diretamente quase 29 mil pessoas e fez 11.310 vítimas fatais na África Ocidental, principalmente na Guiné, na Libéria e em Serra Leoa.[7] O ebola causa febre, fraqueza extrema, dores musculares e dor de garganta. À medida que a doença avança, o paciente pode sofrer de vômitos, diarreias e, em alguns casos, hemorragia interna e externa.

A maior pandemia das últimas décadas, no entanto, e considerada como uma das piores crises humanitárias da nossa história recente é a da covid-19 – causada pelo vírus SARS-CoV-2. Até meados de 2021, essa doença, que provoca desde quadros respiratórios leves até pneumonia severa, tinha causado a morte de mais de 4,5 milhões de pessoas,[8] sendo que a economia mundial e diversos progressos sociais foram duramente afetados, o que passou a demandar muitos voluntários e profissionais com experiência em trabalhos sociais.

Pobreza e desigualdade social

Embora a área da saúde tenha sido meu principal foco profissional, as oportunidades de atuação em ações humanitárias vão muito além. A Agenda 2030, um plano global proposto pela ONU em 2015 aos seus 193 países-mem-

---

[7] Ebola Virus Desease. World Health Organization. Disponível em: <https://www.who.int/health-topics/ebola/#tab=tab_1>.
[8] Coronavirus Desease (Covid-19) Dashboard. World Health Organization, 2021. Disponível em: <https://covid19.who.int/>.

bros, traz 17 objetivos de atuação nas áreas econômica, social e ambiental. Conhecidos como Objetivos de Desenvolvimento Sustentável (ODS), cada um deles pode ser visto também como uma grande área de atuação nos projetos sociais. Os ODSs convergem entre si pelo fato de serem essenciais para a viabilidade de uma sociedade sustentável, e são classificados da seguinte maneira:

1. **Erradicação da pobreza**: acabar com a pobreza em todas as suas formas e em todos os lugares do mundo.

2. **Fome zero e agricultura sustentável**: alcançar a segurança alimentar, a melhoria da nutrição e promover a agricultura sustentável.

3. **Saúde e bem-estar**: assegurar uma vida saudável e promover o conforto social para todos, em todas as idades.

4. **Educação de qualidade**: assegurar a educação inclusiva, equitativa e de qualidade e promover oportunidades de aprendizagem ao longo da vida para todos.

5. **Igualdade de gênero**: buscar que todas as pessoas, independentemente do gênero, tenham os mesmos direitos e deveres, empoderando as mulheres e meninas.

6. **Água limpa e saneamento**: garantir disponibilidade e manejo sustentável da água e saneamento para todos.

7. **Energia limpa e acessível**: garantir acesso à energia barata, confiável, sustentável e renovável.

8. **Trabalho decente e crescimento econômico**: promover o crescimento econômico inclusivo e sustentável, emprego pleno e produtivo e trabalho decente ao redor do mundo.

9. **Inovação e infraestrutura**: construir infraestruturas duradouras e sustentáveis, promover a industrialização inclusiva e fomentar a inovação.

10. **Redução das desigualdades:** reduzir as diferenças sociais dentro dos países e entre eles.
11. **Cidades e comunidades sustentáveis:** tornar as cidades e os assentamentos humanos inclusivos, seguros e sustentáveis.
12. **Consumo e produção responsáveis:** assegurar padrões de produção e de consumo sustentáveis.
13. **Ação contra a mudança global do clima:** tomar medidas urgentes para combater a mudança climática e seus impactos.
14. **Vida na água:** conservação e uso sustentável dos oceanos, dos mares e dos recursos marinhos para o desenvolvimento sustentável.
15. **Vida terrestre:** proteger, recuperar e promover o uso consciente dos ecossistemas terrestres, gerir de forma sustentável as florestas, combater a desertificação, deter e reverter a degradação da terra e estancar a perda da biodiversidade.
16. **Paz, justiça e instituições eficazes:** promover sociedades pacíficas e inclusivas para o desenvolvimento sustentável, proporcionar o acesso à justiça para todos e construir instituições eficazes, responsáveis e inclusivas em todos os níveis.
17. **Parcerias e meios de implementação do desenvolvimento sustentável:** fortalecer os meios de implementação e revitalizar a parceria global para o desenvolvimento sustentável de todos os países.

Sendo assim, as ações dos mais de cinquenta programas, fundos, escritórios especiais e agências especializadas da Organização das Nações Unidas estarão relacionadas direta ou indiretamente a essa agenda até 2030. Como a ONU tem interação com muitas outras instituições internacionais e com seus países-membros, inevitavelmente essas áreas que envolvem os dezessete Objetivos de Desenvolvimento Sustentável estarão presentes no dia a dia de quem deseja atuar com projetos sociais.

A agência de intercâmbio voluntário Exchange do Bem, por exemplo, divide seus trabalhos em:

- **Suporte à comunidade:** engloba vários tipos de ações que têm relação com a comunidade local, seja pintando uma escola, ajudando no desenvolvimento de pequenos comércios, cuidando de idosos ou sendo mentor de crianças em creches e orfanatos.
- **Educação:** reúne atividades de cooperação para o ensino da língua inglesa, matemática ou até mesmo de alguma habilidade profissional que você tenha.
- **Empoderamento feminino:** iniciativas que buscam ajudar as mulheres a lutar contra o preconceito e pela igualdade de oportunidades de gênero na educação e no mercado de trabalho, por exemplo.
- **Esportes:** auxiliar os instrutores de projetos que promovem a prática esportiva, como futebol, surfe e skate, como forma de ajudar na educação e na inserção social de crianças e adolescentes em situação de vulnerabilidade.
- **Proteção à infância:** participação em brincadeiras e cuidados gerais de crianças que vivem em situação de risco social nas áreas rurais e urbanas.
- **Saúde:** destinado principalmente a estudantes da área e profissionais já formados que querem vivenciar o dia a dia de um hospital ou passar ensinamentos para comunidades carentes no exterior.
- **Proteção aos animais:** apoio em serviços gerais ou de assistência médica de grupos que atuam na preservação de tartarugas, onças, cachorros abandonados, entre outros animais que necessitam de cuidados especiais.

Demandas e cargos na ONU

Em maio de 2019, ao acessar o site de anúncios de empregos da Organização das Nações Unidas, o United Nation Careers (careers.un.org),[9] encontrei 172 vagas de trabalhos fixos e temporários ao redor do mundo. Decidi contabilizá-las e observei que pouco mais de 27% (47 vagas) estavam relacionadas a uma área definida como **Econômica, Social e Desenvolvimento**.

Nessa área, constam diversos cargos, como o de oficial de gestão de Programas na Comissão Econômica para a América Latina e o Caribe (CEPAL) das Nações Unidas, em Santiago, no Chile. Entre outras atividades, o profissional contratado teria que apoiar o diretor da CEPAL na gestão e na implementação de atividades programadas, na organização de eventos e outras ações com ênfase no desenvolvimento econômico sustentável da região.

Vinte e três por cento (40 vagas) estavam relacionadas à categoria de trabalho **Política, Paz e Ações Humanitárias**, que conta com cargos como oficial de Assuntos Humanitários no Escritório das Nações Unidas para a Coordenação de Assuntos Humanitários (OCHA), em Nova York. Tal trabalho envolve a produção de relatórios, análises e monitorias de ações que visam o desenvolvimento humanitário, e assessoria técnica no gerenciamento de catástrofes e situações emergenciais em diversos países-membros das Nações Unidas.

Aproximadamente 19% das vagas estavam relacionadas à área de **Gestão e Administração**. Exemplo: oficial de Recursos Humanos no escritório principal da ONU em Nairóbi, no Quênia. O cargo requer um profissional para a supervisão dos processos de pagamentos dos salários e benefícios dos funcionários e dos consultores, participação nas ações de integração de novos colaboradores e apoio aos gerentes e demais funcionários em relação a assuntos sobre liderança e gerenciamento de recursos humanos.

---

[9] United Nations Careers. Disponível em: <https://careers.un.org/lbw/Home.aspx>.

Dez por cento das vagas referiam-se ao setor de **Tecnologia de Informação e Telecomunicação**, com oportunidades de trabalho para cargos como o de oficial de Telecomunicações na Força Interna das Nações Unidas no Líbano, por exemplo. Entre outras atividades, a pessoa contratada seria responsável pela manutenção dos principais sistemas de telecomunicações da missão, incluindo rádio VHF/UHF, redes de dados, administração de servidores, telefonia e tecnologia da informação.

O equivalente a 9% das vagas disponíveis eram para a área de **Informação Pública e Coordenação de Conferências**. Exemplo: oficial de Informação Pública na sede da ONU, em Nova York, que requer um profissional apto a planejar, desenvolver e implementar campanhas de comunicação ligadas a diferentes agências da ONU, assim como prestar suporte a eventos e seminários, entre outras tarefas.

Cinco por cento das vagas referiam-se ao setor de **Logística, Transporte e Fornecimento de Suprimentos** das Nações Unidas. Nele constam diversas oportunidades profissionais, como a de oficial de Segurança de Aviação na Missão Especial da ONU de Estabilização da República Democrática do Congo. Entre outras funções, o cargo envolvia o desenvolvimento e a implementação de um plano seguro e emergencial de transporte aéreo naquele país.

Quase 3% das vagas eram para a área de **Segurança Interna**. Exemplo: auxiliar de Segurança dos programas da ONU na Indonésia. Entre outras funções, o profissional teria que preparar, analisar e aprovar as atividades no campo das agências da ONU na cidade de Jacarta.

Empregos na ONU por área de atuação

- Econômica, Social e Desenvolvimento: 47 (27,4%)
- Política, Paz e Humanitária: 40 (23,2%)
- Gestão e Administração: 33 (19,2%)
- Tecnologia de Informação e Telecomunicação: 17 (10%)
- Informação Pública e Coordenação de Conferências: 16 (9,3%)
- Logística, Transporte e Fornecimento de Suprimentos: 9 (5,2%)
- Segurança Interna: 5 (2,9%)
- Jurídica: 3 (1,7%)
- Ciências: 2 (1,1%)

Fonte: United Nation Careers — 28 de maio de 2019

Por fim, 2% eram para a área **Jurídica**, e 1% para **Ciências**, cujos exemplos de oportunidades profissionais eram, respectivamente, os cargos de diretor jurídico no convênio firmado entre as Nações Unidas, o Governo e o Supremo Tribunal de Justiça do Camboja, e oficial de Treinamento Médico na sede da ONU, em Nova York.

Como demonstrado nesse levantamento, a diversidade de funções e áreas de atuação também é grande nas instituições vinculadas à ONU, e muitas vezes, não envolvem ações *in loco*. Ou seja, nem sempre atuar em projetos sociais significa realizar atividades de envolvimento direto com a população. Fazer a diferença também exige trabalho nos bastidores, realizando tarefas administrativas e de planejamento.

Como definir minha causa social?

Com quase cinco anos trabalhando com a Médicos Sem Fronteiras (MSF), a psicóloga Elaine Teixeira se lembra de que, assim que começou sua missão em Moçambique, surpreendeu-se, pois foi destinada a trabalhar na coordenação e reestruturação do departamento de apoio psicossocial, assim como na elaboração de documentos técnicos, treinamento de pessoal e supervisão técnica de uma equipe inicial de aproximadamente vinte pessoas. "Embora eu estivesse muito envolvida nas atividades operacionais e apoiando diretamente as equipes e os beneficiários da missão, o que me deixava muito satisfeita, eu também tinha muita vontade de ir a campo olhar nos olhos das pessoas e conversar com elas", conta.

Mesmo assim, Elaine se sentia realizada com o trabalho. "Diferentemente de quase tudo que já tinha feito antes na vida, trabalhar para a MSF me trouxe o entendimento do grande impacto que uma organização humanitária internacional tem diretamente na vida de milhões de pessoas mundo afora", diz. "No Brasil, meu apoio a projetos sociais também era muito importante, mas na África, por conta do cenário muito mais grave de epidemia de HIV, a satisfação parecia ainda mais especial", compara.

Entre os profissionais que estão sendo recrutados com frequência pela MSF para trabalhar no Brasil e no exterior, destacam-se: médicos de clínica geral, cirurgiões, anestesistas, pediatras, epidemiologistas, obstetras, psiquiatras, enfermeiros, enfermeiros intensivistas, enfermeiros obstetras, técnicos de enfermagem, farmacêuticos, psicólogos, administradores para áreas financeiras, responsáveis por laboratórios de análises clínicas, especialistas em água e saneamento, especialistas em logística de suprimentos, fisioterapeutas, educadores e promotores de saúde, coordenadores de projetos, coordenadores financeiros, oficiais de assuntos humanitários (responsável por coleta de informações diversas) e coordenadores de recursos humanos.[10]

Se, para Elaine, atuar em projetos sociais acabou sendo resultado da graduação em Psicologia, foi a partir do trabalho voluntário no GIV que percebeu o grande impacto que a exclusão social tem no agravamento da saúde mental das pessoas. Para a jornalista Roseli Tardelli e o bacharel em Relações Internacionais Rodrigo Português, trabalhar com causas sociais foi consequência de situações familiares.

Roseli focou sua carreira no combate à aids após descobrir que seu irmão estava infectado com HIV; Rodrigo, que tem muitas lembranças da desigualdade de gênero em círculos próximos, passou a se interessar em especial por iniciativas voltadas aos direitos sexuais e reprodutivos das mulheres, sempre focado na igualdade de gênero e no direito de escolha informada.

Se você tiver alguma questão que o afeta pessoalmente, ela pode servir como motivação para a sua escolha profissional ou voluntária na área social. No entanto, nem todos têm uma causa pessoal a ser explorada. Meus interesses por causas humanitárias, por exemplo, nunca tiveram razões pessoais.

---

[10] Trabalhe em projetos no exterior. Médicos Sem Fronteiras. Disponível em: <https://www.msf.org.br/trabalhe-conosco-exterior>.

Sempre gostei do assunto, mas não passei por nada marcante que tenha influenciado na definição das áreas pela qual já atuei.

O Instituto para o Desenvolvimento Social (IDIS), organização pioneira no apoio técnico ao investidor social no Brasil, lançou, no final de 2018, a campanha "Descubra sua causa". Com o objetivo de promover a cultura de doação no Brasil, já que muitas pessoas deixam de doar porque não têm noção de qual causa apoiarem, essa campanha promove a realização de um teste divertido que nos ajuda a descobrir qual a área social com que temos mais afinidades.

Esse teste pode ser feito em poucos minutos no site www.descubrasuacausa.net.br e usa como base nove perguntas ligadas ao nosso dia a dia, como por exemplo: Qual destas manchetes te deixa mais feliz?

1. Indígenas se organizam e lançam 130 candidaturas.
2. Estas são as grandes cidades brasileiras com o melhor 4G.
3. Novas tecnologias criarão saldo de 58 milhões de empregos.
4. Desmatamento na Amazônia Legal cai 21%.
5. Riqueza global aumenta 66% em 20 anos.

A partir de nossas respostas, o computador faz um cálculo e nos indica com qual dos cinco personagens da campanha mais temos afinidades: Beto, Catarina, Flora, Nelson e Yama. Cada um deles prioriza uma área social diferente, como justiça social, desenvolvimento sustentável, saúde, entre outros.

Eu respondi às questões algumas vezes e fui associado sempre ao Nelson, que defende a redução das desigualdades sociais. "Dá pra perceber que você gostaria que todo mundo fosse tratado com respeito, independentemente de gênero, raça ou orientação sexual. Se pudesse mudar o mundo, você erradicaria a pobreza, garantiria o respeito e direitos às pessoas com deficiência e daria acesso à educação para todos", informou o teste sobre mim.

Além disso, a campanha "Descubra sua causa" nos indica quais dos 17 ODSs, estabelecidos pela ONU como metas globais até 2030, têm mais ligação com a nossa causa social. Os meus foram: Erradicação da Pobreza, Fome Zero e Agricultura Sustentável e Igualdade de Gênero. Apenas 45 dias após o lançamento dessa iniciativa, mais de 1,5 milhão de pessoas haviam sido atingidas, e 50 mil brasileiros passaram a descobrir sua causa social.

E você?

Já fez o teste e descobriu sua causa humanitária? Seus interesses se enquadram mais naqueles do Beto, da Catarina, da Flora, do Nelson ou da Yama? Independentemente de qual seja sua motivação social, o importante é estar preparado(a) para saber lidar com as demandas que surgirão nos projetos sociais, sejam eles profissionais ou voluntários, e se lembrar de que a realidade do dia a dia pode ser um pouco diferente daquela que a gente imagina.

Agora que você já tem uma ideia sobre como decidir o que fazer, te ajudarei, no próximo capítulo, a pensar para onde ir caso seu interesse seja ter uma experiência no exterior.

CAPÍTULO 6

Para onde ir: os destinos que mais precisam de ajuda humanitária

Procurar por projetos sociais em países cujo idioma você domina pode ser um bom começo. Do total de tempo que passei no continente africano, cerca de seis meses foram na África do Sul e mais de três anos em Moçambique, onde a língua oficial também é o português. Assim que cheguei ao país, percebi que eles precisavam do suporte de especialistas em várias áreas e que as pessoas fluentes no idioma oficial deles ganhariam alguns pontos em relação aos não familiarizados com a língua.

Para se ter uma ideia, a própria formação em Jornalismo como curso de ensino superior era bastante incipiente quando cheguei em Moçambique, sendo que o principal centro educacional público do país, a Universidade

Eduardo Mondlane (UEM), formou sua primeira turma de jornalistas no final de 2007.[1] Até então, todos os profissionais com alguma formação na área haviam feito apenas cursos de nível médio ou estudado no exterior.

Por isso, além de conhecimento especializado em comunicação e aids, sentir-se muito à vontade para falar e produzir conteúdos jornalísticos em português foi fundamental para eu conseguir conquistar espaço em Moçambique. Por ser brasileiro, o que também me deu mais abertura nos contatos iniciais com os moçambicanos — pelo menos essa foi a minha percepção em comparação a outros estrangeiros vivendo no país —, estabeleci rapidamente bons contatos profissionais.

Semanas após minha mudança para Maputo, no início de 2007, comecei a visitar as redações dos principais veículos de comunicação da cidade para propor a republicação gratuita dos textos que eu produzia para o serviço de notícias da ONU. Como os diretores desses veículos sabiam da gravidade que a epidemia de HIV representava para a região, todas as semanas era divulgada nos jornas locais e nas rádios comunitárias alguma matéria que eu havia escrito. Contribuiu para isso também um programa governamental da época que estimulava o engajamento da mídia local na disseminação de informações sobre a aids a partir de patrocínios institucionais aos veículos de comunicação participantes.[2]

Minha fluência no português também foi crucial para colaborar com treinamentos de jovens com interesse em comunicação social por todo o interior de Moçambique, e para coordenar, depois de um ano vivendo no país, a unidade de comunicação do Conselho Nacional de Combate ao SIDA (CNCS), órgão governamental responsável por gerenciar o enfrentamento da aids.

---

[1] Universidade Eduardo Mondlane. Disponível em: <https://www.uem.mz/index.php/missao>.
[2] CONSELHO NACIONAL DE COMBATE AO HIV/SIDA. *Plano estratégico nacional de combate ao HIV/SIDA — Parte I*. Maputo: 2004. Disponível em: <http://cncs.co.mz/wp-content/uploads/2015/11/PENII.pdf>.

Hoje, ao lembrar dessas e de várias outras iniciativas sociais em que estive envolvido em Moçambique, incluindo até a participação como ator na primeira novela produzida no país, *Ntxuva — Vidas em jogo*, que teve por objetivo fomentar discussões sobre saúde, tenho a certeza de que, se não fossem meus conhecimentos na área da comunicação e, sobretudo, minha fluência no português, eu não teria conseguido.

Por isso, caro leitor, se você é brasileiro ou brasileira e ainda não se sente totalmente à vontade para se comunicar em outros idiomas, talvez valha priorizar sua procura por projetos sociais em países de língua oficial portuguesa.

Comunidade dos Países de Língua Portuguesa (CPLP)

Na África, além de Moçambique, **Angola** também costuma ser um destino bastante frequente para brasileiros que desejam trabalhar com causas humanitárias. Com uma população de aproximadamente 31,8 milhões de habitantes em 2019,[3] Angola é uma nação em franca ascensão econômica, sobretudo pela grande riqueza de minerais, como diamante, petróleo e minério de ferro. Ao mesmo tempo, cerca de 70% dos angolanos ainda vivem com menos de US$2 por dia. Ou seja, Angola é um país extremamente desigual.

O Índice de Desenvolvimento Humano (IDH) colocava Angola na 147ª posição em 2019, com um índice médio de desenvolvimento humano (IDH de 0,581).[4]

Outro destino importante para brasileiros que desejam trabalhar com projetos sociais na África é **Guiné-Bissau**. O IDH desse país localizado na

---

[3] População de Angola. The World Bank. Disponível em: <https://data.worldbank.org/country/angola>.
[4] CONCEIÇÃO, Pedro et al. *Relatório do Desenvolvimento Humano 2020*. Disponível em: <http://www.hdr.undp.org/en/2020-report>.

costa ocidental, fronteira com Senegal e Guiné, era de 0,480 em 2019, o que significa uma nação com baixo desenvolvimento humano, assim como Moçambique, cujo IDH era de apenas 0,456. Guiné-Bissau, além de grande instabilidade política, tem entre seus principais desafios sociais a melhoria da educação formal, a diminuição da mortalidade materno-infantil, o desenvolvimento econômico, o combate à violência e o suporte aos refugiados que deixam o país diariamente.[5]

Os arquipélagos de **Cabo Verde** e **São Tomé e Príncipe**, apesar de demandarem menos profissionais estrangeiros para projetos sociais do que os países citados anteriormente, pois são bem menores e apresentam índices de desenvolvimento humano considerados médios, respectivamente com IDH de 0,665 e 0,625 em 2019, podem ser boas opções para trabalho voluntário.

Em 2010, a **Guiné Equatorial** também adotou o português como um dos seus idiomas oficiais, pois teve influência da colonização de Portugal do século XV ao XIX, e desde 2014 passou a fazer parte da Comunidade dos Países de Língua Portuguesa (CPLP). O português, no entanto, é a terceira língua europeia oficial do país, sendo que o espanhol e o francês os idiomas mais falados no país. Localizada na África Ocidental, entre Camarões e Gabão, a Guiné Equatorial tem um grande poderio econômico por conta da exploração de petróleo, mas ainda sofre com os altos índices de corrupção, pobreza e repressão por parte do governo.

Até a data de publicação deste livro, o presidente do país, o militar Teodoro Obiang Nguema Mbasogo, era a pessoa que há mais tempo ocupava um cargo de governante nacional em todo o mundo. Mbasogo chegou ao poder em 1979, após depor seu tio, Francisco Macías, em um golpe de estado militar. Com um índice médio de desenvolvimento humano (IDH de 0,592 em 2019), a Guiné Equatorial pode ser um destino para brasileiros que tenham muita resiliência e estejam preparados para grandes desafios pessoais e profissionais.

---

[5] Guiné-Bissau — Aspectos gerais. The World Bank. Disponível em: <https://www.worldbank.org/pt/country/guineabissau/overview>.

Na Ásia, o único país cujo português é a língua oficial é o **Timor-Leste**, considerado uma das nações mais "jovens" do planeta, pois após se tornar independente de Portugal em 1975, foi invadido e ocupado pela Indonésia até 2002. O índice de desenvolvimento humano do país é médio (IDH de 0,606), e o país enfrenta diversos desafios sociais, como constantes desastres naturais, falta de saneamento básico e de acesso à energia elétrica. Mesmo tendo o português como um de seus idiomas oficiais, a maior parte da população timorense não escreve nem fala bem nossa língua.

O idioma mais falado nessa ilha localizada bem ao leste do continente asiático, quase na Oceania, é o tétum, uma língua local com muitas palavras derivadas do português. O inglês e a língua indonésia também são bastante usados no país, sendo até considerados como idiomas oficiais de trabalho nos órgãos públicos timorenses.

Para encerrarmos os países da CPLP, **Portugal** pode ser o foco de brasileiros que desejam trabalhar com projetos sociais na Europa. No entanto, a concorrência nos processos seletivos tende a ser bem maior do que nas demais nações de língua oficial portuguesa, pois a quantidade de profissionais locais com experiência e habilidades para exercerem as funções desejadas é grande. Isso não quer dizer, porém, que seja impossível. No geral, as organizações humanitárias presam bastante pela diversidade cultural em seus projetos, e a contratação de brasileiros poderia ajudar aquelas com escritórios em Portugal a ter uma visão diferenciada sobre os problemas bastante comuns na América Latina, como violência, desmatamentos florestais e instabilidade política e econômica.

Outras possibilidades para trabalhar com projetos sociais em Portugal seria exercer atividades de forma voluntária, ou remunerada para organizações que prestam atendimento direto para brasileiros e outros imigrantes vivendo no país, como a Associação Portuguesa de Apoio à Vítima (APAV),[6]

---

[6] Associação Portuguesa de Apoio à Vítima. Disponível em: <https://apav.pt>.

o Alto Comissariado para as Migrações (ACM)[7] e o Movimento de Apoio à Problemática da Sida (MAPS).[8]

Em ações humanitárias, iniciativas de educação de pares, que são aquelas que se utilizam de pessoas do mesmo perfil do grupo população a ser ajudado (por exemplo, jovens lidam com jovens, pessoas vivendo com HIV lidam com outras pessoas infectadas, e imigrantes lidam com imigrantes), costumam ser bastante comuns.

O IDH de Portugal em 2019 era de 0,864, o que representa um índice muito alto de desenvolvimento humano. Entre os principais desafios dos nossos ex-colonizadores estão a diminuição da desigualdade social, a geração de mais empregos e o acesso universal aos serviços de saúde.

Primeiro discurso oficial da ONU em português

Nascido em Santos-o-Velho, região metropolitana de Lisboa, em 1949, o engenheiro e diplomata português António Guterres assumiu em 2017 o posto de Secretário-Geral das Nações Unidas. Antes de ser eleito pelos países-membros das Nações Unidas para coordenar as ações da instituição, ele já havia sido primeiro-ministro de Portugal, alto comissário das Nações Unidas para os Refugiados, presidente da Organização Internacional Socialista e do Conselho Europeu, entre outros cargos políticos e de liderança em organismos internacionais.

---

[7] Alto Comissariado para Imigrações. Disponível em: <https://www.acm.gov.pt>.
[8] Movimento de Apoio à Problemática da Sida. Disponível em: <www.mapsalgarve.org>.

Em 2018, no dia 5 de maio, Dia Internacional da Língua Portuguesa, Guterres fez o primeiro discurso oficial totalmente em português de um secretário-feral da ONU.[9] Nos jardins da sede da instituição, em Nova York, ele afirmou que a CPLP deve ser vista como exemplo mundial de aceitação à diversidade. "Nós na CPLP nos orgulhamos da nossa diversidade, reconhecemos que as nossas próprias sociedades são multiétnicas, multiculturais, multirreligiosas, e que isso é um bem, não é uma ameaça, e que isso deve ser valorizado, e visto como uma lição para outras partes do mundo, outros povos, outras culturas."

Guterres disse que um dos pontos fundamentais do seu mandato será reforçar o "multilinguismo" nas Nações Unidas contra um "mundo uniformizado em que todos falam a mesma língua". Ele não se referiu apenas à diversidade idiomática, mas à aceitação a todos os tipos de diferenças, lembrando que o mundo atual passa por uma fase de "várias tentativas de isolamento" e de ascensão do racismo, da xenofobia e da condenação do outro só por ser diferente.

> **Qual país da CPLP priorizar?**
>
> A partir de conversas com profissionais que já trabalharam nesses países, criei uma lista em ordem crescente dos países da CPLP que tendem a precisar de mais ajuda de brasileiros em projetos sociais nos próximos anos. São eles:
>
> 1. Moçambique (População: 30,3 milhões / IDH: 0,456)
> 2. Angola (População: 31,8 milhões / IDH: 0,606)
> 3. Timor-Leste (População: 1,2 milhão / IDH: 0.625)
> 4. Guiné-Bissau (População: 1,9 milhão / IDH: 0,480)
> 5. Guiné Equatorial: 1,3 milhão / IDH: 0,592)
> 6. São Tomé e Príncipe (População: 215 mil / IDH de 0,625)
> 7. Portugal (População: 10,2 milhões / IDH: 0,864)
> 8. Cabo Verde (População: 549 mil / IDH de 0,665)
>
> 2019 – Fonte: https://data.worldbank.org/

Essa análise do secretário-geral da ONU pode ser vista como positiva para brasileiros que desejam trabalhar em projetos sociais no exterior. Embora a intolerância ao diferente demonstre sinais de crescimento no Brasil nos úl-

---

[9] Discurso do secretário-geral da ONU no *Dia Internacional da Língua Portuguesa e da Cultura da CPLP*. Disponível em: <https://www.youtube.com/watch?v=IICbBF1PPn4>.

timos anos, ainda podemos ser considerados um país cujo convívio social é relativamente harmonioso, em comparação a várias outras nações em desenvolvimento. Ou seja, tentar levar um pouco da nossa experiência sobre como é conviver em paz com diferentes religiões, raças e culturas pode ajudar a fazer a diferença em outras partes do mundo.

Oportunidades ao redor do mundo

Até aqui, busquei dar destaque para países que têm o português entre suas línguas oficiais, pois nós brasileiros podemos ganhar algumas vantagens nos processos seletivos para estrangeiros. No entanto, conhecer outros idiomas, principalmente o inglês, é quase sempre imprescindível. Grande parte das organizações humanitárias utiliza a língua inglesa como padrão, e a maioria dos editais de financiamentos e relatórios internos são feitos em inglês.

Para quem deseja trabalhar como voluntário no exterior, nem sempre o domínio do inglês ou da língua oficial do país de origem é obrigatório, mas para trabalhos profissionais, mesmo que sejam na América Latina ou até mesmo nos países lusófonos, a possibilidade de conseguir um emprego sem a familiaridade com a língua inglesa é bem mais difícil.

Desde que a ONU foi criada, após o fim da Segunda Guerra Mundial, em 1945, com o propósito de ajudar a estabelecer a paz mundial, seis idiomas foram definidos como oficiais da organização: mandarim (variação da língua chinesa), espanhol, inglês, francês, russo e árabe. Essa escolha se deu por influências políticas, econômicas e pela quantidade de pessoas no mundo que falavam tais línguas.

No levantamento que fiz no site de anúncios de empregos da ONU em maio de 2019, as 172 vagas disponíveis envolviam 53 cidades de 44 países diferentes da África, Ásia, Europa, Oceania e América. A maior parte dessas vagas era para os escritórios centrais das Nações Unidas. A sede, em Nova York, demandava 31,9% dos postos, seguida pelos escritórios da ONU em Genebra (Suíça), com 12,7%, Viena (Áustria), com 4,6%, e Nairóbi (Quênia), com 3,5%.

Por conta da cidade de Nova York, a América do Norte acabou ocupando o primeiro lugar em vagas de empregos na ONU, com 33,6% do total. Na sequência veio a África (26,2%), com destaque para a República Democrática do Congo e o Mali, com 6 vagas cada; depois vieram a Europa (22,7%), a Ásia (12,8%), a América do Sul (3,5%), a América Central (0,6%) e a Oceania (0,6%).

Países com vagas de trabalho disponíveis pela ONU

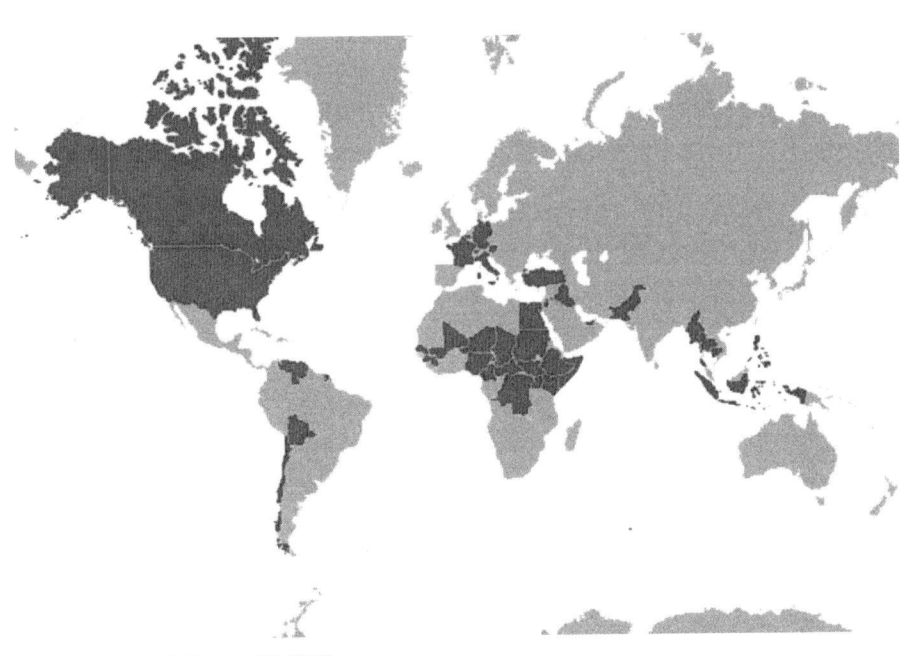

Levantamento feito em 05/2019.

América do Norte 58 vagas (33,6%)	EUA	56
	Canadá	2
África — 45 vagas (26,2%)	Rep. Dem. do Congo	9
	Quênia	6
	Mali	6
	Rep. Centro-Africana	4
	Sudão do Sul	3
	Uganda	3
	Somália	3
	Etiópia	2
	Níger	1
	Senegal	1
	Chade	1
	Sudão	2
	Camarões	1
	Guiné	1
	Nigéria	1
	Egito	1
Europa — 39 vagas (22,7%)	Áustria	8
	Suíça	22
	Itália	4
	Alemanha	1
	Bélgica	1
	França	1
	Chipre	1
	Kosovo	1

	Tailândia	3
	Líbano	3
	Camboja	3
	Iraque	3
	Paquistão	2
	Barém	1
Ásia — 22 vagas (12,8%)	Turquia	1
	Em. Árabes Unidos	1
	Filipinas	1
	Indonésia	2
	Myanmar	1
	Jordânia	1
	Chile	3
América do Sul — 6 vagas (3,5%)	Venezuela	2
	Bolívia	1
América Central — 1 vaga (0,6%)	Jamaica	1
Oceania — 1 vaga (0,6%)	Ilhas Fiji	1

Vice-porta-voz do secretário-geral das Nações Unidas, o jornalista Farhan Haq me explicou que a demanda de vagas de empregos no sistema ONU segue as metas estabelecidas anualmente pela Assembleia Geral — encontro realizado com representantes dos 193 Estados-Membros das Nações Unidas, em que cada país tem direito a um voto. "Na América Latina, uma grande missão da ONU foi criada recentemente na Colômbia, enquanto outra está se encerrando no Haiti", exemplificou.

Ele se refere à Missão de Verificação das Nações Unidas na Colômbia, que, desde o final de 2017, passou a atuar naquele país com o objetivo de monitorar o desarmamento dos ex-combatentes das Forças Armadas Revolucionárias da

Colômbia (FARC), verificando sua reintegração política, econômica e social; e à Missão de Apoio à Justiça no Haiti, que encerrou a presença das forças de paz da Organização naquela nação caribenha após 15 anos de operações.

O Haiti passou a contar, desde outubro de 2019, com um escritório integrado da ONU bem menor, cujo objetivo é auxiliar o governo local a planejar eleições, a responder à violência de gangues, a garantir o cumprimento das obrigações internacionais de direitos humanos e a fortalecer o sistema Judiciário.

Demandas por urgência

Os investimentos em áreas sociais e, consequentemente, por demandas de profissionais também surgem diante de catástrofes ou pandemias. Em março de 2019, o ciclone Idai afetou diretamente mais de 2,5 milhões de pessoas em Moçambique, Madagascar, Malauí, Zimbábue e África do Sul, totalizando ao menos 700 mortes. Nas semanas seguintes à passagem do ciclone, várias vagas temporárias foram abertas em organizações humanitárias com atuação nesses países.

O mesmo ocorreu com a pandemia da covid-19. Em maio de 2020, quando o coronavírus SARS-CoV-2 se espalhava em ritmo acelerado por todo o planeta, realizei uma pesquisa na seção de oportunidades profissionais do site ReliefWeb (reliefweb.int), um dos principais portais de informações humanitárias do mundo e ligado ao Escritório das Nações Unidas para a Coordenação de Assuntos Humanitários (OCHA, na sigla em inglês). Apenas em funções com atividades diretamente relacionadas ao combate da covid-19, havia vagas disponíveis em projetos sociais em mais de vinte países espalhados por todo o mundo.

No sistema ONU desde 2007, o sociólogo dinamarquês Dennis Larsen, que até a data de publicação deste livro ocupava o cargo de chefe do Fundo das Nações Unidas para a Infância (Unicef) para o território do semiárido no

Brasil, sediado em Recife, tem grande experiência internacional. Além de Dinamarca e Brasil, ele já trabalhou para os escritórios do Programa Conjunto das Nações Unidas para o HIV e Aids (Unaids) na Suíça e em Moçambique, e em ações pelo Unicef no Madagascar, na República Centro Africana, no Panamá e na China, onde esteve por um mês para ajudar nas campanhas de comunicação contra a covid-19.

Para ele, a pandemia do SARS-CoV-2 trouxe para os projetos sociais novas oportunidades e desafios. "Por um lado, temos o mundo precisando de ajuda humanitária e com a percepção maior de que vivemos em uma sociedade global e que requer suporte mútuo, mas por outro, temos vários países que passaram a se fechar mais para o que vem de fora", avalia.

Essa análise é muito importante, e venho percebendo tal tendência desde antes do surgimento da covid-19. O avanço do nacionalismo no mundo, sobretudo após a eleição de Donald Trump como presidente dos Estados Unidos, em 2016, passou a enfraquecer a ordem internacional baseada no multilateralismo, que é um dos pilares das Nações Unidas.

A oposição de Trump à Organização Mundial da Saúde (OMS) ficou bem clara durante a pandemia de SARS-CoV-2. Em meio à crise mundial para frear o avanço do coronavírus, os Estados Unidos e vários outros países ricos passaram a confiscar produções nacionais ou compras internacionais, demonstrando só se preocuparem com diminuir os casos da doença dentro do seu território, e não em derrotar a pandemia como um todo.

No final de maio de 2020, Trump anunciou o encerramento das relações governamentais dos Estados Unidos com a Organização Mundial da Saúde (OMS). Segundo ele, a OMS teria sido "pressionada" pela China para dar "direcionamentos errados" ao mundo sobre a pandemia da Covid-19. Por conta disso, seu governo começaria a repassar os mais de US$500 milhões destinados anualmente à OMS a outros organismos internacionais que atuam na área da saúde.[10]

Por outro lado, a eleição do democrata Joe Biden, empossado em janeiro de 2021, parece ter sido positiva para o trabalho mundial da ONU. Em um mês no cargo, o atual presidente dos Estados Unidos apoiou a candidatura do país ao Conselho de Direitos Humanos das Nações Unidas, deixado por Trump em 2018.[11]

Brasileiros na ONU

Nascido nos Estados Unidos, o vice-porta-voz do secretário-geral das Nações Unidas, Farhan Haq Farhan, é de família de origem paquistanesa e passou vários anos da sua vida nesse país asiático. Com base em suas experiências internacionais, ele reforça a importância que os brasileiros têm no sistema ONU justamente nas ações humanitárias dentro da Comunidade dos Países de Língua Portuguesa (CPLP).

"É muito importante para as Nações Unidas ter funcionários fluentes em português, o que acaba sendo um diferencial para os nossos projetos em países lusófonos", afirma. "Brasileiros que atuam nas Nações Unidas geralmente têm bastante experiência também em questões relativas ao desenvolvimento social", acrescenta.

O dinamarquês Dennis Larsen concorda. "No meu país, o contato da população com problemas sociais é bem menor do que aqui no Brasil", afirma. "Mas a chance de viajar e conhecer outras culturas e aprender outros idiomas,

---

[10] Os EUA são os maiores doadores mundiais para a saúde pública global. *ShareAmerica*, 2020. Disponível em: <https://share.america.gov/pt-br/eua-sao-os-maiores-doadores-mundiais-para-a-saude-publica-global/>.

[11] GALZO, Wesley. Estados Unidos se candidatam para voltar ao conselho de Direitos Humanos da ONU. CNN Brasil, 2021. Disponível em: <https://www.cnnbrasil.com.br/internacional/2021/02/24/estados-unidos-se-candidatam-para-voltar-ao-conselho-de-direitos-humanos-da-onu>.

o que é muito valorizado pelas Nações Unidas, é maior para quem vive na Dinamarca", compara.

A jornalista baiana Patrícia Portela Souza entrou no Unicef em 1997. Começou no escritório no Brasil, trabalhando em sua terra natal, Salvador, mas em 2004 foi para Moçambique, e de lá passou a construir uma grande carreira internacional dentro da instituição. Trabalhou em Bangladesh, na sede da ONU em Nova York (EUA), no Quênia, em Angola, e em 2020 assumiu a representação nacional do Unicef na Costa Rica, onde estava até a data de publicação deste livro.

"Tenho notado um aumento progressivo de brasileiros trabalhando na ONU, mas temos potencial para crescer muito mais. Países com populações menores que a nossa acabam tendo mais funcionários na ONU do que o Brasil", avalia.

A ONU divulga anualmente um relatório com dados sobre a composição dos profissionais trabalhando em seu Secretariado-geral. Em 2019, havia apenas 193 brasileiros, embora houvesse muitos outros atuando nas várias agências, missões, fundos e programas das Nações Unidas espalhados ao redor do mundo. Esse número colocava o Brasil em uma lista de 20 países sub-representados dentro do Secretariado-geral da organização, enquanto nações como Chile (372 profissionais), Canadá (653 profissionais) e Quênia (1692 profissionais), por exemplo, estavam no grupo das 27 nações super-representadas.[12]

A maleabilidade presente em muitos brasileiros pode ser outra vantagem importante para aqueles que desejam se destacar como profissionais das Nações Unidas. Tal característica era muito notável em um dos maiores diplomatas que o Brasil já teve, o carioca Sérgio Viera de Mello. Morto aos 55 anos de idade em consequência de um ataque terrorista no Iraque, em 2003, Sérgio estava há 24 anos trabalhando para o Alto Comissários das Nações Unidas

---

[12] UNITED NATIONS GENERAL ASSEMBLY. *Composition of the Secretariat: Staff Demographics.* [S.l.] 2019. Disponível em: <https://undocs.org/pdf?symbol=en/A/74/82>.

para os Direitos Humanos (EACDH)[13] e na época era um dos principais cotados para assumir o cargo de secretário-geral da organização.[14]

Vantagens e desvantagens dos brasileiros no exterior

Formada em Comunicação Social com especialização em Filosofia, a carioca Glauce Arzua trabalha para a ActionAid no Brasil desde 1999 — ano em que essa organização internacional de combate à pobreza se estabeleceu no país. Ao longo de todos esses anos, Glauce, que atualmente ocupa o cargo de diretora de Engajamento Público na instituição, participou de diversos treinamentos e reuniões na Europa, acompanhou trabalhos de emergência após ciclones na África, projetos em defesa dos direitos das mulheres na Ásia, além de acompanhar de perto as atividades em comunidades rurais e urbanas no Brasil.

Para ela, a experiência adquirida por muitos brasileiros que atuaram em organizações da sociedade civil durante o processo de redemocratização do país, nos anos 1980, é muito valorizada pelas organizações humanitárias internacionais. "Tivemos aqui no Brasil uma riqueza muito grande de movimentos sociais urbanos, rurais, de mulheres, pela igualdade de gênero... E com isso, muitos brasileiros puderam desenvolver habilidades para atuar em projetos sociais, principalmente no que se refere a criar pontes entre as organizações e a população ou entre as organizações e o governo", comenta.

---

[13] Alto Comissariado das Nações Unidas para os Direitos Humanos. Nações Unidas Brasil. Disponível em: <https://nacoesunidas.org/agencia/acnudh/>.
[14] POWER, Samantha. *O homem que queria salvar o mundo: uma biografia de Sérgio Viera de Mello*. São Paulo: Companhia das Letras, 2008.

Aproveitar essas experiências e habilidades, que continuam sendo desenvolvidas por quem atua em organizações sociais no país, é uma das primeiras recomendações que Glauce faz para quem deseja trabalhar no exterior. Além disso, ela ressalta a importância de se preparar para as diferenças culturais e religiosas do país de destino.

Em 2004, quando esteve na Índia para o primeiro Fórum Mundial Social, ela conta que, após o término do evento, saiu para caminhar pelas ruas do país e sentiu que causava uma atenção indesejada nas pessoas porque estava vestindo uma blusa de alça que não cobria os ombros. "Percebi que, apesar do calor, nenhuma mulher no meu entorno deixava os ombros descobertos. Tentei comprar um xale, mas como não encontrei nada de que gostasse, achei melhor voltar ao hotel e trocar de roupa, pois me senti incomodada", lembra.

Embora seja defensora dos direitos individuais, Glauce enfatiza como uma das habilidades a serem desenvolvidas pelos brasileiros que desejam trabalhar com projetos sociais no exterior é justamente essa capacidade de se adaptar à realidade local e de se antecipar a possíveis situações culturais desconfortáveis, estudando sobre o país ou comunidade em que atuarão. "Ao refletir sobre o que ocorreu comigo na Índia, reconheci que falhei ao achar que o meu modo de me vestir e viver seria plenamente aceito por lá", diz. "Isso ocorreu em uma situação cotidiana na rua, mas poderia ter acontecido no trabalho. Com esse episódio, aprendi como mulher e defensora de direitos a importância de estar bem informada e consciente da cultura local, até para questionar convenções opressoras de forma bem fundamentada e para ser capaz de apoiar outras mulheres a se posicionarem sobre violações aos seus direitos. Cultivar o olhar multicultural e a escuta ativa, sem julgamentos e preconceitos, enriquece tanto a experiência profissional e pessoal quanto o andamento dos projetos sociais", acrescenta.

A também carioca Daphne de Souza Lima Sorensen, que começou sua carreira em projetos sociais fora do Brasil em 1997, em Uganda, percebe uma tendência de desenvoltura maior dos brasileiros para lidar com problemas como desigualdade econômica, desemprego, violência e falta de acesso a recursos básicos, como saúde, educação e moradia, pois esses são desafios ainda presentes em nosso país. No entanto, ela afirma que só ter essa característica não basta. "É preciso ter qualificação profissional e experiência no setor", enfatiza.

Daphne conta que é procurada com frequência por brasileiros que não têm formação na área social e dizem algo do tipo: "Cansei de trabalhar na minha profissão e agora quero fazer o que você faz para ajudar as pessoas." Ela se sente contente pelo interesse, mas brinca que jamais chegaria para um advogado, engenheiro ou médico, por exemplo, e diria que cansou de fazer o que faz e que gostaria de atuar na profissão deles. "A área social é um setor profissional e também exige pessoas com formação", explica.

Presidente da MiracleFeet,[15] organização sediada nos Estados Unidos e que tem como missão principal ajudar pessoas ao redor do mundo que nasceram com pé torto congênito, Daphne já trabalhou para diferentes projetos sociais em países como Moçambique, Angola, Panamá, Guatemala, El Salvador, Bolívia, além de Uganda e Estados Unidos, e explica que, quanto menos desenvolvido for o país, maior será a necessidade de ajuda humanitária internacional. "Quem deseja trabalhar com projetos sociais fora do Brasil precisa saber logo de cara que a lógica é adquirir, primeiramente, experiência em contextos complexos e viver a realidade nesses países, e não só visitá-los de vez em quando", comenta.

Segundo a especialista, quase todas aquelas vagas que encontrei disponíveis no levantamento que fiz no site de empregos da ONU, em países muito desenvolvidos, como Estados Unidos, Suíça e Áustria, acabam sendo ocupadas por pessoas com longa carreira em organismos internacionais.

Na América Latina, onde há vários países em desenvolvimento, a adaptação de brasileiros tende a ser mais fácil, pois temos diversas similaridades

---

[15] MiracleFeet. Disponível em: <https://www.miraclefeet.org/>.

culturais, mas a concorrência também é bem maior. Isso ocorre porque existe menos financiamento internacional na região, em comparação com a África e a Ásia, por exemplo, e, por consequência, a quantidade de projetos sociais é menor, o que acaba sendo suprido na maioria das vezes por cidadãos locais. "Quando abrimos uma vaga, a tendência é darmos prioridade às pessoas que já vivem no país", explica Daphne.

Outra observação bem importante da especialista se refere à relação dos brasileiros com a língua espanhola. Além do inglês, brasileiros que desejam trabalhar na América Latina precisam ser fluentes no castelhano. "Não dá para dizer que fala espanhol, chegar lá e falar o *portunhol*", enfatiza. Por isso, antes de começar a procurar por oportunidades de trabalho no exterior, Daphne afirma que todos os brasileiros deveriam buscar cumprir três pré-requisitos básicos:

1. Domínio do inglês e da língua do país de destino.
2. Experiência em projeto social, realizando atividades como implementação de projetos, gerenciamento de equipes e monitoramento e avaliação das ações.
3. Conhecimento e respeito à cultura do país de destino.

E você?

Já definiu quais países ou regiões do mundo serão suas prioridades para procurar oportunidades em projetos sociais? Cumpre os três pré-requisitos básicos citados antes?

Se você tem pouca ou nenhuma experiência, talvez seja de grande valia investir primeiro em trabalhos voluntários por, no mínimo, de três a seis meses aqui no Brasil, e depois buscar oportunidades no exterior. Caso você já se sinta preparado ou preparada para trabalhar em projetos sociais fora do Brasil, conheça algumas das principais instituições do setor no próximo capítulo.

CAPÍTULO 7
Em qual instituição trabalhar?

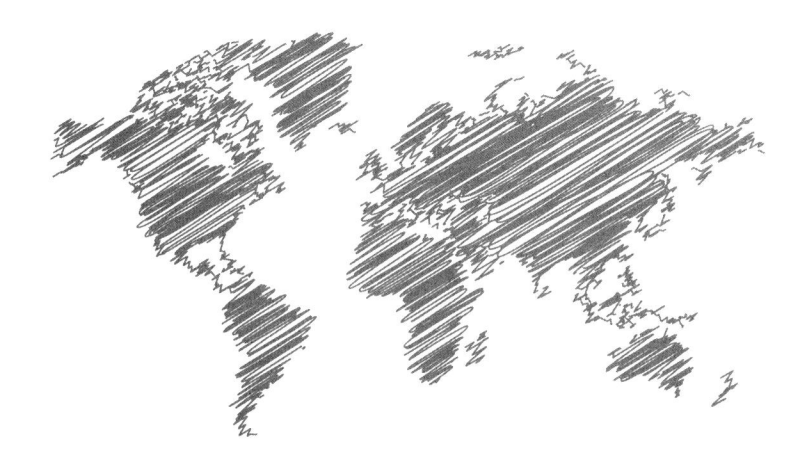

A escolha da instituição acaba sendo, para muitas pessoas, o primeiro passo no processo de busca por trabalhos na área social, sejam eles no Brasil ou no exterior. Eu não escolhi previamente nenhuma das organizações em que trabalhei, mas já tinha interesse em contribuir com ações humanitárias, e quando tive a oportunidade de prestar serviços para as Nações Unidas, em 2006, por exemplo, não me importei muito com o destino, que acabou sendo primeiramente a África do Sul e, depois, Moçambique.

Se por um lado a ordem na escolha sobre qual organização atuar ou para onde ir não é tão importante, desde que a gente se sinta preparado para realizar as atividades necessárias, por outro, é primordial nos identificarmos com a missão a ser executada.

É verdade que muitas vezes as missões das organizações humanitárias são bem genéricas, como a da Organização das Nações Unidas (ONU): "Buscar a paz e o desenvolvimento mundial por meio da cooperação entre países." Dificilmente alguém que tem interesse em trabalhar com projetos sociais não se identificaria com isso, mas, de qualquer forma, já ajuda a fazer uma primeira filtragem.

Trabalhar pelo direito das crianças ou pela proteção de animais em extinção, por exemplo, pode te interessar mais do que contribuir com programas de empréstimos financeiros ou de prevenção do uso de drogas, ou vice-versa.

A proposta deste capítulo é ser mais interativo. Minha sugestão é a de que você se coloque no lugar de um grande doador que está em busca de alguma instituição para fazer um suporte financeiro. Ou seja, entre as muitas organizações humanitárias que existem ao redor mundo, quais você priorizaria para colocar seu dinheiro? Tente pesquisar e refletir se de fato essas instituições têm ajudado a fazer a diferença na vida de outras pessoas.

Para isso, apresentarei a seguir, primeiramente, algumas das principais organizações não governamentais (ONG) brasileiras. Usei como base o prêmio 100 melhores ONGs do Brasil, promovido anualmente pelo Instituto Doar,[1] em parceria com a agência O Mundo Que Queremos[2] e a Rede Filantropia,[3] que fazem essa premiação anual a partir de vários critérios de seleção, como estrutura administrativa e financeira, a presença de conselhos de gestão, captação de recursos e transparência.

Na sequência, destacarei as agências, os fundos e os escritórios especiais da ONU,[4] e, por fim, algumas das maiores organizações não governamentais internacionais, que selecionei a partir de pesquisas da NGO Advisor,[5] grupo

---

[1] Instituto Doar. Disponível em: <https://www.institutodoar.org/>.
[2] O mundo que queremos. Disponível em: <https://omundoquequeremos.com.br/>.
[3] Filantropia. Disponível em: <https://www.filantropia.ong/>.
[4] UNITED NATIONS. Funds, programmes, specialized agencies and others. Disponível em: <https://www.un.org/en/sections/about-un/funds-programmes-specialized-agencies-and-others/>.
[5] NGO Advisor. Disponível em: <www.ngoadvisor.net>.

suíço que divulga anualmente um ranking detalhado sobre as ONGs mais atuantes do mundo.

Para que você não se esqueça de todas as organizações que te tocam de alguma forma, sugiro que anote os nomes delas em algum lugar ou marque com um (x) no espaço reservado ao lado do nome da instituição.

Dez importantes ONGs brasileiras

( ) **AACD**
www.aacd.org.br

Organização sem fins lucrativos focada em garantir assistência médico-terapêutica de excelência em ortopedia e reabilitação. Atende, nos estados de Pernambuco, Minas Gerais, São Paulo e Rio Grande do Sul, pessoas de todas as idades, recebendo pacientes via Sistema Único de Saúde (SUS) ou até mesmo de planos de saúde e particular.

( ) **Conectas Direitos Humanos**
www.conectas.org

A partir da sua sede em São Paulo, atua para efetivar e ampliar os direitos humanos e combater as desigualdades para construir uma sociedade mais justa, livre e democrática. Desenvolve suas ações especialmente para os mais vulneráveis, propondo soluções, buscando impedir retrocessos e denunciando violações.

( ) **Fundação Abrinq**
www.fadc.org.br

Fundação de direito privado, sem fins lucrativos, que tem por objetivo mobilizar a sociedade para questões relacionadas aos direitos da infância e da adolescência, tanto por meio de ações, programas e projetos, como por meio do estímulo ao fortalecimento de políticas públicas de garantia à infância e adolescência. Está sediada na cidade de São Paulo.

( ) **Fundação SOS Mata Atlântica**
www.sosma.org.br

Também com sede na cidade de São Paulo, atua na promoção de políticas públicas para a conservação da Mata Atlântica por meio do monitoramento do bioma, produção de estudos e projetos demonstrativos, dialogando com setores públicos e privados e buscando o aprimoramento da legislação ambiental, a comunicação e o engajamento da sociedade.

( ) **Instituto Ayrton Senna**
www.institutoayrtonsenna.org.br

A partir da sede, em São Paulo, busca desenvolver soluções educacionais, pesquisas e conhecimentos em pedagogia, gestão educacional, avaliação e articulação para que sejam replicáveis em grande escala.

( ) **Instituto da Criança**
www.institutodacrianca.org.br

Tem sua sede na cidade Rio de Janeiro e conta com uma rede com mais de seiscentas instituições sociais. Cria, desenvolve e gerencia iniciativas próprias de educação e de desenvolvimento social, patrocina projetos parceiros, realiza eventos e campanhas de captação de recursos e presta consultoria técnica em responsabilidade social, voluntariado corporativo e investimento social

( ) **IPAM**
www.ipam.org.br

O Instituto de Pesquisa Ambiental da Amazônia (IPAM), sediado em Belém (PA), é uma organização científica, não governamental, apartidária e sem fins lucrativos que desde 1995 trabalha pelo desenvolvimento sustentável da Amazônia.

(   ) **Pró-Saber SP**
www.prosabersp.org.br

Instituição que atua na comunidade de Paraisópolis, na Zona Sul de São Paulo. Tem como missão diminuir a desigualdade por meio da defesa e garantia do direito de toda criança de poder brincar e saber ler.

(   ) **Saúde Criança**
www.saudecrianca.org.br

Com escritórios espalhados pelos estados do Rio de Janeiro e Rio Grande do Sul, atua para promover a transformação de famílias em vulnerabilidade social por meio da utilização de metodologia multidisciplinar própria, disseminando o conhecimento para instituições públicas e privadas e estimulando a participação da sociedade.

(   ) **Transparência Brasil**
www.transparencia.org.br

Organização da sociedade civil sediada na cidade de São Paulo, atua para promover a transparência e o controle social do poder público, contribuindo para a integridade e o aperfeiçoamento das instituições, das políticas públicas e do processo democrático.

Agências, fundos e escritórios especiais da ONU

(   ) **Agência Internacional de Energia Atômica (IAEA)**
www.iaea.org

Realiza ações com o objetivo de fomentar o uso seguro e pacífico da ciência e da tecnologia nuclear, contribuindo, assim, para a paz e a segurança internacional e os Objetivos de Desenvolvimento Sustentável.

( ) **Alto Comissariado das Nações Unidas para Refugiados (ACNUR)**
www.acnur.org

Trabalha para garantir que todos aqueles que necessitem tenham o direito de procurar asilo e encontrar refúgio seguro em outro país.

( ) **Banco Mundial**
www.worldbank.org

Instituição econômica internacional que tem por objetivo erradicar a pobreza extrema e construir uma prosperidade compartilhada a partir de empréstimos financeiros a países em desenvolvimento.

( ) **Corte Internacional de Justiça (CIJ)**
www.icj-cij.org

Também conhecida como Corte de Haia, por estar sediada na cidade holandesa de Haia, tem como função principal resolver conflitos jurídicos a ela submetidos por países membros da ONU e emitir pareceres sobre questões jurídicas apresentadas ordinariamente pela Assembleia Geral ou pelo Conselho de Segurança das Nações Unidas.

( ) **Escritório das Nações Unidas para a Coordenação de Assuntos Humanitários (OCHA)**
www.unocha.org

Tem por objetivo aumentar a capacidade de resposta da ONU e outras organizações não governamentais em ações humanitárias, emergências e de desastres naturais.

( ) **Escritório do Alto Comissariado das Nações Unidas para os Direitos Humanos (ACNUDH)**
www.acnudh.org

Atua como o principal ponto focal do sistema ONU para pesquisas em direitos humanos, educação, informação pública e atividades de defesa de direitos das populações.

( ) **Escritório das Nações Unidas sobre Drogas e Crime (UNODC)**
www.unodc.org

Apoia os países no desenvolvimento de respostas ao uso problemático de drogas e suas consequências adversas à saúde por meio da implementação de ações de prevenção e da oferta de uma rede de serviços integrada de atenção e assistência, com base em evidências científicas, no respeito aos direitos humanos e em padrões éticos.

( ) **ONU Mulheres**
www.unwomen.org

Até 2010 conhecido como Fundo das Nações Unidas para a Mulher (UNIFEM), trabalha com as premissas fundamentais de que as mulheres e meninas ao redor do mundo têm o direito a uma vida livre de discriminação, violência e pobreza, e de que a igualdade de gênero é um requisito central para se alcançar o desenvolvimento mundial.

( ) **Fundo das Nações Unidas para a Infância (UNICEF)**
www.unicef.org

Mobiliza vontade política e recursos materiais para auxiliar os países, especialmente aqueles em desenvolvimento, a garantir prioridade absoluta à criança e ao adolescente e a construir uma estrutura para a formulação de políticas apropriadas e ofertas de serviços sociais para todas as crianças e suas famílias.

(   ) **Fundo de População das Nações Unidas (FNUAP)**
www.unfpa.org

Apoia os países-membros da ONU na utilização de dados sociodemográficos para a formulação de políticas e programas de redução da pobreza; contribui para assegurar que todas as gestações sejam desejadas, todos os partos sejam seguros, todos os jovens fiquem livres do HIV/aids e outras doenças e todas as meninas e mulheres sejam tratadas com dignidade e respeito.

(   ) **Fundo Monetário Internacional (FMI)**
www.imf.org

Busca estabelecer a cooperação econômica em escala global. Sua atuação visa garantir a estabilidade financeira e favorecer as relações comerciais internacionais, implantando medidas para a geração de emprego e desenvolvimento sustentável de modo a reduzir a pobreza mundial.

(   ) **Organização das Nações Unidas para a Agricultura e Alimentação (FAO)**
www.fao.org

Tem por objetivo promover o suporte adequado e sustentável para a segurança alimentar e nutricional no mundo. Para isso, realiza e apoia programas de melhoria da eficiência na produção, comercialização e distribuição de produtos agropecuários de plantações, granjas, áreas de pesca e outras formas de geração de alimentos.

(   ) **Organização das Nações Unidas para a Educação, a Ciência e a Cultura (UNESCO)**
www.unesco.org

Na área da educação e cultura, promove o estímulo à criação e à criatividade, à leitura e à preservação das entidades culturais. Já na área da ciência, incentiva pesquisas para orientar a exploração dos recursos naturais. Alguns de seus programas mais importantes envolvem a proteção dos patrimônios culturais e naturais e o desenvolvimento dos meios de comunicação.

( ) **Organização Internacional do Trabalho (OIT)**
www.ilo.org

Trata de normas internacionais do trabalho, em especial dos princípios e direitos fundamentais do trabalhador, promovendo o emprego de qualidade, a extensão da proteção social e o fortalecimento do diálogo entre empregadores e empregados.

( ) **Organização Marítima Internacional (OMI)**
www.imo.org

Atua para promover mecanismos de cooperação, segurança marítima, prevenção da poluição no mar e remoção dos obstáculos ao tráfego marítimo.

( ) **Organização Mundial da Saúde (OMS)**
www.who.org

Além de coordenar os esforços internacionais para controlar surtos de doenças, como a malária, tuberculose, ebola e covid-19, apoia o desenvolvimento e a distribuição de vacinas seguras e eficazes, diagnósticos e medicamentos, entre outras ações na área da saúde.

( ) **Organização Mundial do Comércio (OMC)**
www.wto.org

Órgão que procura regulamentar o comércio internacional e mediar acordos comerciais, buscando favorecer o livre comércio.

( ) **Organização Mundial do Turismo (OMT)**
www.unwto.org

Funciona como um fórum global para questões de políticas turísticas e como fonte pública de conhecimento prático sobre o turismo, promovendo um turismo responsável, duradouro e acessível a todos, prestando atenção particularmente aos interesses dos países em desenvolvimento.

( ) **Programa Conjunto das Nações Unidas para o HIV e Aids (UNAIDS)**
www.unaids.org

Tem como objetivo prevenir o avanço do HIV no mundo, prestar tratamento e assistência às pessoas infectadas e reduzir seu impacto socioeconômico.

( ) **Programa das Nações Unidas para os Assentamentos Humanos (ONU-HABITAT)**
www.unhabitat.org

Destina-se à promoção de cidades mais sociais e ambientalmente sustentáveis, de maneira que todos os seus residentes disponham de abrigo adequado para viver.

( ) **Programa das Nações Unidas para o Desenvolvimento (PNUD)**
www.undp.org

Tem como mandato promover o desenvolvimento e erradicação da pobreza mundial. Em parceria com governos de todas as regiões, auxilia no desenvolvimento de políticas públicas, formação de lideranças, capacidades institucionais e na construção de estruturas resilientes que fomentem o desenvolvimento sustentável.

( ) **Programa das Nações Unidas para o Meio Ambiente (PNUMA)**
www.unep.org

Coordena as ações internacionais de proteção ao meio ambiente e de promoção do desenvolvimento sustentável ao redor do mundo.

(   ) **Programa Mundial de Alimentos (PMA)**
www.wfp.org

Uma das maiores agências humanitárias do mundo, fornece alimentação para dezenas de milhões de pessoas em vários países. Tem por objetivo ajudar principalmente as pessoas incapazes de produzir ou obter alimento suficiente para si e para suas famílias.

Algumas das principais ONGs internacionais

(   ) **ActionAid**
www.actionaid.org

Sediada na África do Sul, tem como missão alcançar justiça social, igualdade de gênero e a erradicação da pobreza por meio do trabalho com pessoas que vivem em situação de exclusão e vulnerabilidade.

(   ) **Acumen Fund**
www.acumen.org

É um fundo de investimento de impacto social com sede nos Estados Unidos. Seu objetivo principal é buscar diferentes formas de financiar empresas e associações que atuam para diminuir a pobreza mundial.

(   ) **Aflatoun Internacional**
www.aflatoun.org

Organização sediada na Holanda que concentra suas ações ao redor do mundo na área da educação. Seu objetivo principal é a promoção do empreendedorismo entre crianças e jovens carentes.

( ) **Anistia Internacional**
www.amnestry.org

Com sede na Inglaterra, é um movimento global com mais de 7 milhões de apoiadores e que realiza ações e campanhas para que os direitos humanos sejam internacionalmente reconhecidos, respeitados e protegidos.

( ) **Ashoka Empreendedores Sociais**
www.ashoka.org

Fundada na Índia em 1981, identifica e investe em empreendedores sociais em várias partes do mundo. Essas pessoas, conhecidas como *fellows*, utilizam-se de ideias inovadoras para mobilizar a comunidade, gerar empregos e diminuir a desigualdade.

( ) **Barefoot College**
www.barefootcollege.org

É um centro de pesquisa e serviço social, também sediado na Índia, que trabalha nas áreas da educação, desenvolvimento de habilidades, saúde, formação de mulheres e acesso à água potável e energia solar.

( ) **Bill & Mellinda Gates Fountation**
www.gatesfoundation.org

É uma instituição filantrópica criada por Bill Gates, fundador e ex-presidente da Microsoft, e sua esposa, Melinda Gates. Sediada nos Estados Unidos, apoia e financia diversos projetos ao redor do mundo que têm como finalidade a melhoria das condições de vida das populações menos favorecidas, em especial por meio de programas na área da saúde e para o enfrentamento da pobreza.

( ) **BRAC**

www.brac.net

Sediada em Bangladesh, é considerada a maior ONG do mundo, registrando mais de 97 mil colaboradores em 2016. Atua no suporte a trabalhadores rurais sem terra, pequenos agricultores, artesãos e mulheres vivendo em situação de vulnerabilidade social.

( ) **Care International**

www.care-international.org

É uma organização humanitária internacional, sediada na Suíça, que tem como objetivo o enfrentamento da pobreza. Entre seus públicos-alvo estão crianças e mulheres em situação de vulnerabilidade social.

( ) **Ceres**

www.ceres.org

Trabalha em parceria com grandes empresas e investidores com o objetivo de influenciar práticas ambientais mais sustentáveis no mundo. Está sediada nos Estados Unidos.

( ) **Clinton Foundation**

www.clintonfoundation.org

Criada pelo ex-presidente dos Estados Unidos Bill Clinton, tem apoiado diferentes projetos sociais ao redor do mundo, em especial na área da saúde na África, onde financia pesquisas para o desenvolvimento de vacinas no Quênia, na Etiópia e em Malaui.

( ) **Comitê Internacional da Cruz Vermelha**

www.icrc.org

Criada na Suíça em 1863, a Cruz Vermelha visa à proteção da vida humana e a dignidade das vítimas de conflitos armados e outras situações de violência. Atua intensivamente também em programas contra minas terrestres, pelos direitos humanos das pessoas presas e em prol do acesso à água e à moradia das populações em situação de pobreza.

( ) **Cure Violence**
www.cureviolence.org

Com estratégias parecidas às utilizadas para o enfrentamento de epidemias de doenças, ou seja, identificação de suas causas, prevenção e cura, essa organização fundada nos Estados Unidos apoia o combate à violência em vários países, como Honduras, Trinidade e Tobago e Iraque.

( ) **Danish Refugee Council**
www.drc.ngo

Sediada na Dinamarca, atua em mais de trinta países ajudando homens, mulheres e crianças que se refugiam em outros países e/ou populações que vivem em situação de guerra.

( ) **Generations For Peace**
www.generationsforpeace.org

Com sede na Jordânia, capacita lideranças juvenis em várias partes do mundo com o propósito de promover a tolerância, a cidadania e paz.

( ) **Greenpeace Internacional**
www.greenpeace.org

Organização que tem como missão a proteção do meio ambiente e a promoção da paz mundial por meio de campanhas e projetos que promovem atitudes que garantam um futuro mais verde para o planeta. Foi fundada no Canadá, mas está sediada na Holanda.

(   ) **Junior Achievement**
www.jaworldwide.org

É uma das maiores organizações juvenis do mundo. Com sede nos Estados Unidos, desenvolve projetos em mais de 100 países nas áreas da educação, empreendedorismo e preparação para o mercado de trabalho. Estima-se que 465 mil voluntários e mais de 10 milhões de estudantes estejam envolvidos nas ações dessa organização.

(   ) **Habitat for Humanity**
www.habitat.org

Sediada nos Estados Unidos, é uma organização cristã que tem como causa o acesso à moradia descente como um direito humano fundamental. Atua no Brasil, na Argentina, na Bolívia, no México, no Haiti e em vários outros países.

(   ) **Humanity & Inclusion (Handicap International)**
www.hi.org

Foi fundada em 1982 para fornecer ajuda em campos de refugiados no Camboja e na Tailândia, e desde então tem atuado em situações de conflitos, catástrofes naturais e epidemias em vários outros países, tendo como foco pessoas com lesões e incapacidades. Atua também com detecção e desarmamento de minas terrestres e outros detritos de guerra. Com sede na França, era conhecida até 2018 por Handicap International.

(   ) **Instituto de Desenvolvimento Rural Landesa**
www.landesa.org

Desde a sua criação nos Estados Unidos, em 1967, tem buscado estabelecer parcerias com governos, comunidades e outras partes interessadas, em mais de cinquenta países, para que populações vulneráveis tenham acesso à terra por meio de mecanismos legais.

( ) **Internacional Development Enterprises (iDE)**
www.ideglobal.org

Organização internacional sediada nos Estados Unidos que tem por objetivo promover estratégias comerciais locais para aumentar a renda e criar oportunidades de subsistência para famílias rurais pobres.

( ) **Mercy Corps**
www.mercycorps.org

Com sede nos Estados Unidos, é uma equipe de ativistas humanitários que se unem a comunidades, empresas, associações e governos para transformar a vida das pessoas em situação de vulnerabilidade social ao redor do mundo.

( ) **Médicos Sem Fronteiras**
www.msf.org

Sediada na Suíça, é uma organização que oferece ajuda multiprofissional na área da saúde a populações em situações de emergência, conflitos armados, catástrofes, epidemias, fome e exclusão social em vários países.

( ) **Oxfam**
www.oxfam.org

É uma confederação de 19 organizações e mais de 3 mil parceiros que atua em dezenas de países na busca de soluções para os problemas relacionados à pobreza, desigualdade social e injustiça, desenvolvendo campanhas, programas de desenvolvimento e ações emergenciais. Está sediada no Quênia.

( ) **Partners In Health**
www.pih.org

Organização com sede nos Estados Unidos que tem por objetivo levar serviços médicos e de saúde em geral para populações carentes em várias partes do mundo.

(   ) **Pathfinder Internacional**
www.pathfinder.org

Com sede nos Estados Unidos, concentra suas ações nas áreas de saúde materna e reprodutiva, planejamento familiar e prevenção e cuidado do HIV/aids em cerca de vinte países espalhados pelo mundo.

(   ) **Plan International**
www.plan-international.org

Criada na Espanha, é uma organização que defende os direitos das crianças, adolescentes e jovens, com foco na promoção da igualdade de gênero.

(   ) **Rainforest Alliance**
www.rainforest-alliance.org

Realiza ações para o combate do desmatamento, das mudanças climáticas e de construção de oportunidades econômicas e melhores condições de trabalho para as pessoas que vivem em zonas rurais. Está sediada nos Estados Unidos.

(   ) **Repórteres Sem Fronteiras**
www.rsf.org

Com sede na França, denuncia censuras, opressões, prisões, torturas e diversos tipos de maus-tratos a jornalistas e outros comunicadores ao redor do mundo.

(   ) **Rotary Internacional**
www.rotary.org

Associação não religiosa cujo objetivo é unir voluntários a fim de prestar ajuda humanitária e promover valores éticos e a paz mundial. Sediada nos Estados Unidos, financia e implementa projetos sustentáveis em diversas áreas, como alfabetização, saúde e recursos hídricos.

( ) **Save the Children Fund**
www.savethechildren.org

Fundada na Inglaterra em 1919, tem como objetivo atuar em defesa dos direitos das crianças. Para isso, realiza ações de emergência em vários países por meio de programas duradouros e de apadrinhamento infantil.

( ) **Skoll Foundation**
www.skoll.org

Sediada nos Estados Unidos, tem como missão, desde sua criação em 1999, atuar em prol de um mundo mais sustentável, pacífico e próspero. Para isso, investe e conecta instituições que desenvolvem projetos de impacto social em qualquer parte do mundo.

( ) **The Global Fund**
www.theglobalfund.org

O Fundo Global de Luta Contra AIDS, Tuberculose e Malária é uma organização financeira internacional sediada na Suíça cujo objetivo é atrair e distribuir recursos para prevenir e tratar essas doenças ao redor do mundo, em especial nos países menos desenvolvidos.

( ) **Wikimedia Foundation**
www.wikimediafoundation.org

Sediada nos Estados Unidos, dedica-se a incentivar a produção e a divulgação de informações gratuitas para a população. É a responsável pela organização do portal Wikipedia.

( ) **World Wild Fund (WWF)**
www.wwf.org

A WWF (antes conhecido como Fundo Mundial para a Natureza) é uma das principais organizações internacionais de defesa do meio ambiente. Com sede na Suíça, atua para conter a degradação de rios, matas e mares e pela preservação das mais diferentes espécies animais ao redor do planeta.

O que achou de todas essas organizações? Conte quantas você selecionou no total. Se antes de procurar por uma oportunidade de trabalho no exterior você quiser passar por uma experiência no Brasil, gostaria que fizesse uma lista com pelo menos cinco instituições que têm projetos por aqui. Além de todas essas organizações, fique à vontade para incluir outras na sua lista. Utilizei essas como exemplo, mas existem muitas outras que também desenvolvem trabalhos excelentes.

Caso o seu foco, no entanto, já seja o exterior, faça uma lista com dez organizações. Se por acaso você marcou mais de dez organizações, sugiro que exclua algumas delas, preferindo as que mais considera dentro da sua causa. Lembre-se de que essas seriam as organizações para as quais você "doaria" seu dinheiro. Mas se você marcou menos de cinco organizações brasileiras ou dez internacionais, peço que volte à apresentação e inclua outras até chegar a exatamente essas quantidades.

Para te ajudar nessa seleção, sugiro que navegue pelo site das instituições, buscando entender com mais detalhes o que elas fazem e onde atuam. Os valores sociais de todas as selecionadas estão realmente de acordo com os seus? Caso você tenha amigos ou conhecidos que atuem no terceiro setor, pergunte a eles se conhecem essas organizações e quais te recomendariam ou não.

Se você conhece alguém que trabalhe em uma das organizações selecionadas, melhor ainda; pergunte diretamente a essa pessoa. Tente descobrir também como é o dia a dia de trabalho nessas organizações. Elas realizam mais atividades em campo ou de escritório? Em zonas urbanas ou rurais? Qual o idioma oficial de trabalho na organização? As atividades realizadas por elas apresentam algum tipo de risco para a sua saúde ou integridade física?

Se essas informações não estiverem claras nas descrições das atividades dessas organizações, envie um e-mail perguntando. Explique que você está fazendo uma breve pesquisa sobre trabalhos sociais e por isso gostaria de saber tais informações, mas não se esqueça de escrever na língua oficial utilizada pelo site da organização. Esse e-mail pode ser seu primeiro passo de aproximação dessa instituição.

ONU ou ONGs: qual escolher?

Apesar de ambas terem como objetivo principal o desenvolvimento social de comunidades e países, a Organização das Nações Unidas (ONU) tem uma grande diferença em comparação à maioria das outras organizações humanitárias internacionais: ela não é totalmente independente em relação às ações governamentais. Não que as demais organizações estejam alheias às vontades dos governos, pois caso as autoridades locais queiram, elas podem simplesmente impedir a entrada de membros de uma determinada instituição no país ou proibir suas atividades, embora isso seja quase impossível em nações democráticas. Dentro do Sistema ONU, porém, a sintonia com os governos, geralmente, é bem maior.

Como explícito em seu nome, a ONU é uma "organização de nações". Ou seja, as autoridades máximas são seus países-membros, e os governantes desses países têm o poder de interferência nas ações que são feitas dentro dos seus territórios, podendo solicitar mudanças ou a interrupção de programas e projetos feitos pelas diferentes agências, fundos ou escritórios especiais da ONU.

Durante meus trabalhos para o Fundo das Nações Unidas para a Infância (Unicef) e o Programa Conjunto das Nações Unidas para o HIV e Aids (Unaids) em Moçambique, sentia que nossas ações precisavam estar muito mais alinhadas ao que o governo moçambicano queria do que as iniciativas dos meus colegas da Médicos Sem Fronteiras e Save The Children, por exemplo.

E você?

A partir das suas pesquisas e reflexões, sugiro que escreva abaixo os nomes das cinco organizações nacionais selecionadas, caso seu desejo seja primeiramente ter uma experiência no Brasil; ou das dez organizações internacionais, caso seu foco já seja o exterior. Descreva-as em ordem de prioridade, sendo a primeira aquela com a qual você mais gostaria de trabalhar, e a quinta ou décima aquela em que você menos gostaria.

1ª _____
2ª _____
3ª _____
4ª _____
5ª _____
6ª _____
7ª _____
8ª _____
9ª _____
10ª _____

Com base na sua seleção, te ajudarei, no próximo capítulo, a criar uma estratégia de aproximação e de busca de empregos nessas organizações.

CAPÍTULO 8

Qual é o perfil de profissional procurado pelas organizações humanitárias?

Para conseguir um estágio na Agência de Notícias da Aids, em 2003, enviei vários e-mails para Roseli Tardelli, editora-executiva da Agência, conversei algumas vezes com ela por telefone e pedi para fazer uma visita à sede do projeto. Depois de alguns meses, com a abertura de uma vaga, ela naturalmente se lembrou de mim, pois eu já havia me colocado à disposição para fazer parte da sua equipe.

Como contei no começo do livro, com apenas dois anos de Agência, fui efetivado como repórter, tive a oportunidade de cobrir um evento em Chicago e fiquei nos Estados Unidos para estudar. No final de 2005, após quase seis meses morando entre Nova York e Nova Jersey, decidi apostar novamente na minha persistência para conquistar outro desejo antigo: conhecer o Canadá.

A partir dos Estados Unidos, passei a fazer contato com jornalistas e diretores de jornais e revistas canadenses voltados à comunidade praticante da língua portuguesa naquele país. Eu encontrava o contato deles no Google ou nas redes sociais e enviava mensagens solicitando uma visita.

Enviei quase dez e-mails, até que a editora do jornal *Brasil News*, Tania Nuttall, aceitou me receber em Toronto e me enviou uma carta-convite formalizando nosso encontro. Apresentei o documento no Consulado Canadense em Nova York e obtive um visto temporário de trabalho. Em troca da ajuda, quando cheguei em Toronto, produzi, como voluntário, diversas reportagens sobre temas sociais para o *Brasil News*. O jornal pôde contar gratuitamente com meu suporte profissional, e eu, além de conseguir mais facilmente o visto canadense, enriqueci meu currículo com uma valiosa experiência internacional na minha área de atuação.

Fazer contato e se colocar à disposição também foi a estratégia adotada pela bacharela em Administração de Empresas Luisa Gerbase de Lima para realizar seu sonho de trabalhar com projetos sociais na Turquia. Membro da AIESEC,[1] uma das maiores organizações estudantis do mundo, ela se inscreveu no programa de intercâmbio profissional da associação torcendo para conseguir uma vaga na Turquia, mas devido a um processo interno que busca distribuir os candidatos por mais de 120 países, foi designada para a Índia. "Não era exatamente o que eu queria, mas considerei que seria muito legal também, e já estaria bem mais perto da Turquia", lembra.

Luisa mudou-se, em abril de 2005, de São Paulo para Chandigarh, no noroeste da Índia, onde trabalhou para o Centre for Education and Voluntary Action (CEVA), uma organização não governamental com foco na área da

---

[1] AIESEC. Disponível em: <https://aiesec.org.br/>.

educação. No entanto, entre os intervalos das suas atividades, que envolviam tarefas administrativas, atualização do site da instituição, organização de workshops de teatro comunitário e feiras educativas, ela passou a procurar por oportunidades de trabalho na Turquia e, um ano depois, encontrou. Começou como voluntária na cooperativa feminina KADEV, que produzia sabonetes à base de azeite de oliva na cidade de Mardin, na fronteira com o Iraque, e depois conseguiu um trabalho na associação Bugday, rede de produtores orgânicos, para atuar em fazendas. Ao longo de três meses, passou por diferentes lugares da Turquia.

Para ela, a experiência obtida na Índia foi fundamental para se apresentar às organizações turcas, mas sua determinação e disposição em querer trabalhar nesse país foi o que fez a diferença. "Por conta do fuso horário e da minha dificuldade de entender a língua turca, usei muito a internet. Passei vários dias pesquisando no Google e enviei muitos e-mails. Para vários deles, nem obtive respostas, mas insisti naquelas organizações que mais me interessavam", lembra. "Na verdade, nada foi acertado a distância. Algumas pessoas me disseram para eu fazer uma visita quando estivesse na Turquia. Tomei coragem, comprei a passagem e fui", acrescenta Luisa, que hoje trabalha como coordenadora de comunicação no Instituto para o Desenvolvimento do Investimento Social (IDIS).

Se tiver oportunidade, vá em frente!

Há mais de vinte anos trabalhando para diferentes organizações internacionais, como Save the Children, Green Corps[2] e Care Internacional, Daphne de Souza Lima Sorensen, que atualmente é presidente da MiracleFeet, ressalta que as instituições humanitárias priorizam profissionais que já tenham

---

[2] Greencorps. Disponível em: <https://greencorps.org/>.

algum tipo de experiência e, de preferência, que estejam no país em que o projeto está sendo realizado.

Por isso, segundo ela, aproximar-se da organização desejada colocando-se à disposição como voluntário(a) ou apenas em troca de algum tipo de ajuda de custo costuma ser um bom investimento inicial. "Pode parecer injusto dizer que para conseguir espaço em organizações sociais será necessário começar trabalhando de graça ou quase de graça, mas essa é a realidade muitas vezes", comenta. "Dificilmente uma instituição dará oportunidade para quem nunca fez nada na área e que está lá no outro lado do mundo. Comigo também foi assim", acrescenta.

Filha de mãe brasileira e pai uruguaio, Daphne cursou o ensino médio e o superior nos Estados Unidos, onde se tornou bacharel em Estudos Internacionais e Economia. Ainda na faculdade, em 1997, buscou um estágio como assistente de programas na organização Pandermite Internacional, em Empalama, a capital do Uganda, onde ganhava apenas U$200 por mês para ajudar em atividades administrativas e educativas, como compilar dados para apresentar aos doadores e organizar eventos com parceiros locais na área da saúde.

Após dez meses nesse trabalho, investiu em uma passagem de avião para Moçambique, onde havia um posto disponível de oficial de programas, também na Pandermite Internacional, e foi aprovada. A partir da capital Maputo, Daphne passou a gerenciar — dessa vez com um salário bem maior — um projeto nacional de expansão de serviços voltados à saúde sexual e reprodutiva que tinha como foco a prevenção do HIV por meio de ações de mobilização e educação das comunidades locais.

Segundo Daphne, além de persistência, pessoas que desejam construir uma carreira em organizações humanitárias precisam se mostrar disponíveis, motivadas e criativas. "Quando alguém me procura mostrando que já conhece o nosso trabalho e propõe algum tipo de parceria que sinto que pode ter resultados positivos para os nossos desafios, eu guardo com carinho o contato dela, e na primeira oportunidade que aparece, eu priorizo", comenta.

A busca por oportunidades de trabalhos em projetos sociais não se diferencia tanto dos outros setores. Ou seja, a instituição contratante precisa sentir que a pessoa que está entrando em contato ou participando do processo seletivo tem habilidades que farão a diferença na instituição. "Ter boa intenção e desejo de ajudar a mudar o mundo é essencial, mas só isso não basta", enfatiza Daphne.

Outra habilidade muito importante para quem está em busca de uma primeira experiência em organizações internacionais é a capacidade de escrever bem, em inglês, projetos a serem apresentados a possíveis doadores. "Saber organizar as ideias vale ouro dentro das organizações humanitárias. Ao longo da minha carreira, busco priorizar pessoas que têm pensamento crítico e que sabem se comunicar bem, em especial na escrita", comenta a especialista. "Contar de forma criativa o que se pretende com determinado projeto, conseguindo assim sensibilizar e chamar a atenção dos doadores, é um grande diferencial profissional", acrescenta.

Onde são divulgadas as oportunidades profissionais?

A partir das organizações selecionadas no capítulo anterior, sugiro que você primeiramente acesse o site delas e procure saber se existem vagas disponíveis e que se enquadrem dentro do seu perfil profissional. Geralmente, essas vagas são publicadas em sessões com o nome **Volunteer**, caso você deseje procurar por oportunidades de trabalhos voluntários. Mas se você já se sente preparado ou preparada para se candidatar a uma vaga como profissional, as sessões com essa finalidade costumam ser denominadas por **Jobs, Careers ou Work With Us** na página principal das organizações.

Nas instituições da ONU, cada agência, fundo ou programa especializado tem seu próprio sistema de seleção de pessoal, e as vagas de empregos são atualizadas frequentemente no site www.careers.un.org. Já as oportunidades de trabalho voluntário são divulgadas no portal www.unv.org.

Você também pode acompanhar as oportunidades de trabalho nas Nações Unidas pelo site ou Twitter do UN Jobs (**www.unjobs.org**), que não é um canal oficial da ONU, mas organiza boa parte das vagas da organização.

As Nações Unidas têm lançado nos últimos anos uma série de livros digitais com dicas para quem deseja ser voluntário ou profissional remunerado no sistema ONU. Os materiais reúnem informações relevantes, repassadas por gerentes de recursos humanos da instituição e ex-funcionários. Disponíveis apenas em inglês, os livros custam em média US$ 20,00, e se o seu desejo é trabalhar para as Nações Unidas, essas leituras são bastante recomendadas.

Outros sites que concentram vagas para voluntários e profissionais do terceiro setor são:

> ### Vagas para voluntários no Brasil e exterior
>
> - www.atados.com.br (Brasil)
> - www.buscavoluntaria.com.br (Brasil)
> - www.queronaescola.com.br (Brasil)
> - www.aiesec.org.br (representação no Brasil, mas para atuar no exterior)
> - www.volunteervacations.com.br (representação no Brasil, mas para atuar no exterior)
> - www.volunteeringsolutions.com (exterior)
> - www.worldpackers.com (exterior)
> - www.you2africa.com (exterior)
> - www.volunteerhq.org (exterior)
> - www.workingabroad.com (exterior)
> - www.vsointernational.org (exterior)
> - www.helpstay.com (exterior)
> - www.workaway.info (exterior)

> **Vagas para trabalhos remunerados no Brasil e exterior**
> - www.vagas.gife.org.br (Brasil)
> - www.setor3.com.br/oportunidades (Brasil)
> - www.plataformaongd.pt (países de língua portuguesa)
> - www.reliefweb.int/jobs (exterior)
> - https://jobs.fundsforngos.org/ (exterior)
> - www.humanrightscareers.com (exterior)
> - www.ngorecruitment.com (exterior)
> - www.impactpool.org (exterior)
> - www.idealist.org (exterior)
> - www.globalpeacecareers.com (exterior)
> - www.globaljobs.org (exterior)
> - www.intjobs.com (exterior)
> - www.indevjobs.org (exterior)

Esses são alguns dos portais mais conhecidos e utilizados para buscas de oportunidades de trabalho na área social, mas sugiro que você sempre se informe bem e reúna o máximo de informações possíveis antes de fechar qualquer tipo de acordo. Entre as instituições internacionais, procure saber, ainda, se elas têm trabalhos no Brasil, e, se tiverem, sugiro que você tente fazer uma visita pessoal à sede delas e/ou acompanhe algumas das suas ações. Se nenhuma delas estiver atuando no Brasil, mas você tiver condições de visitá-las no exterior, talvez durante suas férias, faça isso. Além de ser uma experiência maravilhosa, essa possibilidade também te ajudará a se aproximar mais dessa organização.

Além de conhecer melhor a instituição de que você desejaria fazer parte e acompanhar com frequência as vagas divulgadas, vale a pena também entrar em contato com alguém do setor de recursos humanos ou do departamento específico em que você gostaria de atuar.

Procure o contato dessas pessoas na internet ou com amigos e conhecidos, caso você tenha essa possibilidade, e envie uma mensagem curta a elas se apresentando e colocando-se à disposição para possíveis oportunidades de trabalho.

Você se sente preparado ou preparada para escrever bem projetos em inglês? Se sim, essa é uma informação que você poderia ressaltar no primeiro contato com essas organizações e, de repente, poderia até propor alguma ajuda inicial voluntária a distância. Caso você ainda não se sinta confortável com essa função, qual outro diferencial poderia apresentar? Ter experiência na área de atuação das organizações selecionadas e/ou a disponibilidade de custear seus gastos para viajar e ficar algumas semanas trabalhando presencialmente como voluntário no projeto desejado também pode te ajudar a abrir portas mais facilmente.

Segundo Daphne, embora a maioria das oportunidades de trabalho seja divulgada nos canais de comunicação das instituições (site oficial, LinkedIn, Facebook ou Instagram), às vezes surgem demandas urgentes em que acabam priorizando quem se colocou à disposição em contato direto com as organizações. "Eu acho sempre válido enviar um e-mail se apresentando e mostrando interesse. Pode ser que não exista nenhuma oportunidade naquele momento, mas quem sabe exista! Com certeza, isso não irá atrapalhar", avalia a especialista.

E você?

Já começou a fazer contato com as organizações selecionadas? Se ainda não começou, ou para futuros contatos, gostaria de te sugerir algumas dicas de apresentação:

1. **Personalize seu texto**: Escreva o e-mail sempre na língua oficial presente no site oficial da instituição. Se possível, descubra o nome da pessoa para quem escreverá e envie aos seus cuidados. Caso tenha algum brasileiro ou contato de indicação na instituição, envie para ele e peça ajuda.

2. **Dê destaque para seus diferenciais:** Se você já teve experiência no assunto ou na região geográfica onde a instituição atua, deixe isso claro. Tem condições de custear suas despesas de deslocamento e estadia para fazer um trabalho voluntário na organização selecionada? Ressalte isso também.

3. **Demonstre como pode contribuir**: Pesquise bem as atividades da organização e mencione em qual área você poderia ser útil. Por exemplo, se você tem facilidade de escrever projetos em inglês, em fazer trabalhos como designer ou em utilizar o Excel para cálculos orçamentários, apresente esses exemplos na sua apresentação.

4. **Seja objetivo:** Profissionais de organizações sociais viajam com frequência e tendem a acumular e-mails na caixa de entrada. Ou seja, textos concisos, com até cem palavras, costumam ser respondidos mais rapidamente. Dê atenção especial ao assunto do e-mail, buscando palavras que expliquem seu objetivo e chamem a atenção do destinatário.

Após passar por essa fase de fazer contatos e prováveis processos seletivos, é importante se preparar também para conviver com alguns dos principais desafios relacionados aos trabalhos na área social. Adaptar-se rapidamente a ambientes hostis, à convivência longe da família e às grandes diferenças culturais são alguns dos aspectos mais valorizados entre as organizações humanitárias, principalmente para vagas fora do Brasil. No próximo capítulo, contarei um pouco sobre como foi a minha adaptação e a de outros brasileiros no exterior.

CAPÍTULO 9

O que você precisa saber para trabalhar e viver bem no exterior?

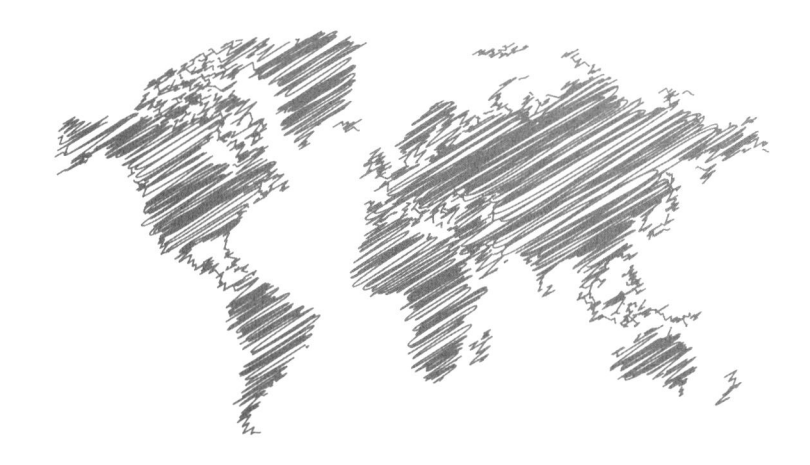

Antes de me mudar para Moçambique, no começo de 2007, passei cerca de seis meses em Joanesburgo, na África do Sul. Morava em um hotel e, para ir ao escritório da ONU, usava um serviço de transporte feito por vans, equivalente às lotações no Brasil, mas que lá eles chamam de *táxis*. Um colega de trabalho, o jornalista moçambicano Amâncio Miguel, me encontrava por volta das 8h na esquina, e íamos juntos para o ponto.

Na África do Sul, assim como no Brasil, as lotações foram criadas pela própria população para responder à escassez de transporte público. Diferentemente daquelas que eu usava na minha adolescência pelas periferias de São Paulo, no entanto, os *táxis* sul-africanos seguiam regras próprias e bem confusas. Ou seja, os percursos e preços variavam de um horário para o outro, e nos finais de semana ou tarde de noite, eles despareciam. Depois da Copa do Mundo de Futebol em 2010, os transportes públicos melhoraram bastante na África do Sul, mas antes eram bem precários.

Utilizei as lotações sul-africanas muitas vezes, mas um dia me envolvi em uma situação curiosa e que considero pertinente contar para vocês, pois acredito ter sido um dos meus primeiros desafios de adaptação no continente africano: ser aceito pela população local, mesmo sendo estrangeiro e branco.

Coloquei-me à prova nesse sentido quando o Amâncio não pode ir trabalhar por alguns dias e eu tive que ir sozinho ao escritório. Acordei às 7h, tomei café da manhã e andei até o ponto onde as vans passavam. Elas estavam funcionando normalmente naquele dia. No ponto de embarque, fiz sinal várias vezes, mas nenhum motorista parou. Alguns chegaram a se aproximar, olharam para mim com estranheza, mas seguiram o percurso. Foi assim durante três dias, quando, depois de várias tentativas, o táxi convencional se tornava a única opção para não chegar atrasado ao trabalho.

Intrigado com aquilo, passei a observar com atenção as lotações em Joanesburgo e notei que elas só transportavam pessoas negras. Conversei com alguns funcionários do hotel onde eu estava, e eles me explicaram que as pessoas brancas não usavam transporte público. Não era algo excludente e imposto, como foi o regime do *apartheid*, mas a consequência natural de um sistema econômico ainda muito desigual.

Composição étnica no Brasil

42,7% – Brancos

46,8% – Mestiços (Pardos)

9,4% – Negros

1,1% – Amarelos (Asiáticos) ou indígenas

Fonte: IBGE. Pesquisa Nacional por Amostra de Domicílios Contínua 2012–2019.

> **Composição étnica na África do Sul**
>
> 80,9% – **Negros**
>
> 8,8 % – **Mestiços** (Coloureds)
>
> 7,8% – **Brancos**
>
> 2,5% – **Asiáticos/Indianos**
>
> Fonte: Statistics South Africa/2018.

A população branca[1] da África do Sul, equivalente a menos de 8% do total, é formada majoritariamente por pessoas com poder aquisitivo suficiente para comprar seus próprios meios de transporte e, muitas vezes, têm até motoristas particulares. Na Cidade do Cabo, principal centro turístico do país, cheguei a ver pessoas brancas nas lotações, mas em Joanesburgo, nos quase seis meses em que lá morei, não vi nenhuma.

Mas o que eu poderia fazer enquanto meu colega não voltasse ao trabalho? Não dava para gastar com táxi todos os dias para ir e voltar do escritório. Isso me custaria o equivalente a cerca de US$50 por dia. Foi então que me lembrei da famosa camisa amarela da seleção brasileira.

Na verdade, eu já tinha percebido alguns dias antes que vestir a camisa brasileira estimulava diversas brincadeiras por parte dos sul-africanos, principalmente naquele momento em que o país se preparava para receber a primeira Copa do Mundo no continente. Deduzi então que usar a camisa do Brasil me ajudaria a deixar claro para os motoristas das lotações que eu era brasileiro.

---

[1] STATISTICS SOUTH AFRICA. Mid-year population estimates — 2018. Petroria: STATS SA, 2019. Disponível em: <http://www.statssa.gov.za/publications/P0302/P03022018.pdf>.

Deu certo! Com a camisa da seleção, consegui fazer um motorista parar. Entrei na van, me sentei na frente, ao lado dele, e comecei a puxar assunto, para deixar claro que eu não era um *bôer* — sul-africano, geralmente branco, de origem holandesa e apoiador do *apartheid*. Na África, minhas percepções foram a de que ser estrangeiro e branco provocava naturalmente alguns conceitos prévios por parte da população, mas ser brasileiro era um pouco diferente. Parecia que a recepção era bem mais agradável.

Lebo, nome do motorista da van que me levou ao escritório, tinha aproximadamente 50 anos de idade na época e um grande dente de ouro no canto direito da boca, que chamava muito a atenção. A partir daquele dia, Lebo passou a me levar sempre para o trabalho, e às vezes chegava a estacionar o carro em cima da calçada para me esperar por alguns minutos. Quando me mudei da África do Sul para Moçambique, dei a ele de presente minha camisa amarela do Brasil. "*Thank you very much, Mr. Bonanno. I am really, really happy whit this gift*", me disse ele várias vezes ao longo da nossa conversa de despedida.

Além dessa minha história, conheci várias outras na África que tiveram um final feliz por conta de uma camisa da seleção brasileira. Um colega pernambucano me contou que uma vez conseguiu passar a fronteira de Moçambique com Essuatíni, que estava fechada durante a madrugada, em troca da amarelinha. Portanto, caro leitor ou leitora, levar camisas de futebol do Brasil para dar de presente pode ser uma boa estratégia para ser mais rapidamente aceito no exterior.

Fazendo-se passar por cidadã local

Mostrar-se brasileiro, no entanto, nem sempre é a melhor opção. Durante sua estadia na Índia, a hoje coordenadora de comunicação do Instituto para o Desenvolvimento do Investimento Social (IDIS), Luisa Gerbase de Lima, me contou que preferia muitas vezes omitir sua nacionalidade. "Como fisicamente eu pareço uma indiana e falo um pouco de híndi, me comportava como se fosse de lá, e para justificar a falta de vocabulário, quando eu estava no Sul do país, dizia que eu era do Norte, e quando eu estava no Norte, dizia que era do Sul", lembra.

Com mais de 1,2 bilhão de habitantes, segundo o Censo de 2011, o último realizado no país, a Índia tem 22 línguas oficiais reconhecidas pela Constituição e aproximadamente 1.600 dialetos, sendo o híndi o idioma do governo, embora o inglês também seja permitido para fins oficiais. Outras línguas bastante populares no país são: bengali, telugo, marathi, tamil, urdu, kannada, gujarati e odia.[2]

Ser brasileira não era exatamente um problema na Índia, mas vestida a caráter e falando em híndi, Luisa conseguia barganhar melhores preços no comércio e até evitar a atenção dos homens nos ambientes públicos. "Muitas estrangeiras, quando vão para a Índia, incomodam-se com a pouca quantidade de mulheres nas ruas e a hostilidade de alguns homens, mas eu não sentia isso. Talvez por acharem que eu era realmente indiana, acabei passando despercebida", conta.

Para o diretor comercial da DKT WomanCare Global, Rodrigo Português, a adaptação na Índia foi bem mais difícil. Na cidade de Lucknow, onde morava, quase ninguém falava inglês e era preciso andar sempre com um tradutor. No inverno, as temperaturas chegavam a 0 °C, e não havia calefação na maioria dos ambientes. "Foram tempos de muito aprendizado, mas também de bastante sofrimento", avalia.

Recém-casado quando chegou ao país, Rodrigo conta que teve que passar muito tempo distante da esposa, a portuguesa Maria Margarida Guerra, que também tem carreira na área de projetos sociais. "Como encontrar emprego sem falar urdu ou hindi era impossível em Lucknow, decidimos que o melhor

---

[2] People & lifestyle — ethnicity of india. Know India. Disponível em: <https://knowindia.gov.in/culture--and-heritage/ethnicity-of-india.php>.

para a Margarida seria abranger a busca de oportunidades na capital do país, Nova Déli. Daí, ela se mudou, e eu passei a morar em uma pousada bastante precária em Lucknow (a cerca de 500km de distância), que era suja e tinha baratas. Durante cinco meses, eu voava toda quinta-feira à noite para Déli para estarmos juntos o fim de semana e retornava para Lucknow na segunda-feira pela manhã", conta.

Depois de aproximadamente um ano e meio na Índia, o casal decidiu deixar o país, e Rodrigo pediu demissão da DKT. "Não conseguimos nos adaptar. Os valores, os costumes e os estilos de vida na Índia são muito diferentes de todos os outros países em que já vivi", compara. "Mas a gota d'água mesmo foi a distância entre nós, e, claro, todo os esforços e custos para estarmos juntos começaram a pesar bastante", acrescenta. Além do Brasil, Rodrigo morou no Canadá, nos Estados Unidos e em Moçambique, e atualmente reside na Inglaterra.

Para ele, ambientar-se em lugares hostis tende a ser mais difícil para pessoas que se mudam com toda a família. Eu concordo, e notei que os jovens solteiros costumam ser priorizados por várias organizações internacionais, sobretudo aquelas com atuação em regiões de maior tensão e pouca infraestrutura. "É que, com o passar dos anos, e após a gente começar a construir uma família, passamos a dar mais valor para algum conforto, segurança, lazer e vida social", justifica o brasiliense, nascido em 1983.

A busca pela estabilidade social da família foi o principal motivo que levou a psicóloga paulistana Elaine Teixeira a se mudar da África para a Europa em 2014. Após quase sete anos trabalhando para organizações como Médicos Sem Fronteiras e Absolute Return for Kids em Moçambique e Essuatíni, ela engravidou, mas a partir da 11ª semana de gestação, começou a ter sangramentos.

Na época morando em Maputo, procurou ajuda médica na cidade e recebeu diversos medicamentos para tentar manter a gravidez. O sangramento, no entanto, não parou completamente, e durante uma internação na 20ª semana de gestação, ela acabou sendo transferida às pressas em um avião sanitário para a África do Sul, onde havia melhores recursos hospitalares para a sua necessidade. "A conduta médica sul-africana foi bem diferente. Eles pararam de me dar aquele monte de medicamentos que eu estava recebendo em Moçambique, acabei tendo um aborto espontâneo tardio, e meu bebê nasceu sem vida", lembra.

Com a perda, ela passou a repensar seus objetivos de vida e revela que sua vontade de continuar morando em Maputo já não era mais a mesma: "Estava cansada e sentia que meu empenho para lidar com os processos burocráticos, que são bastante comuns na África, já não era mais o mesmo."

A decisão por deixar Moçambique, porém, veio quando, apenas dois meses depois do aborto, descobriu que estava novamente grávida. "Ficamos felizes, embora nem tenha dado tempo de avaliar os possíveis motivos que me levaram a perder o bebê", recorda. Por indicação médica, então, Elaine decidiu fazer seu pré-natal no Brasil e, grávida de 18 semanas, voltou a São Paulo, enquanto seu parceiro na época, o bioquímico e epidemiologista Jan Walter, que é alemão, continuou trabalhando por mais alguns meses em Moçambique.

Elaine deu à luz seu primeiro filho, Gustavo, em São Paulo em maio de 2014. Depois do nascimento, o casal decidiu se mudar para a Alemanha. Já em Berlim, Elaine teve sua primeira filha, Sofia, em julho de 2015. Até a data de publicação deste livro, Elaine morava na capital alemã. Além de seguir tentando se adaptar também ao estilo de vida daquele país e aprender alemão, ela conta que tem se esforçado para finalizar seu mestrado em Políticas de Saúde Global, feito a distância na Faculdade de Higiene e Medicina Tropical da Universidade de Londres.

"Espero conseguir terminar logo o mestrado e encontrar uma oportunidade de trabalho em alguma organização humanitária", completa Elaine, deixando claro que sente bastante falta da África. "Passei momentos maravilhosos em Moçambique e na Suazilândia [em 2018, o país passou a se chamar Essuatíni]. Adorava as pessoas e o trabalho que eu fazia por lá. Acredito que, de alguma forma, ajudei no desenvolvimento do projeto da MSF nesses países, mas quero e sei que posso continuar ajudando outras pessoas em qualquer lugar do mundo", enfatiza. "Aqui na Alemanha, tenho um desejo enorme em trabalhar [com] refugiados e imigrantes aguardando resposta do seu pedido de asilo", acrescenta

Solidão

Outro momento importante sobre a minha adaptação longe do Brasil foi quando achei, pela primeira vez, que estava com malária — doença transmitida por picada de mosquito e que ainda mata anualmente mais de 400 mil pessoas no mundo.[3] Isso ocorreu no final de 2006, cerca de 2 meses após a minha chegada na África do Sul.

Assim como na situação em que encontrei dificuldade para utilizar o transporte público e utilizei-me da estratégia da camisa da seleção brasileira, essa história também tem um motorista como personagem central. Big Boy era o nome pelo qual ele era conhecido. Lembro-me de ter perguntado várias vezes como ele se chamava, mas nunca consegui guardar. Era um nome zulu difícil de pronunciar, e como todos o conheciam apenas por Big Boy, passei a chamá-lo assim também.

Magro, alto, com pouco menos de 40 anos de idade e sempre usando boné e óculos escuros, o apelido de "garotão" era bem apropriado. Conhecemo-nos por intermédio da Maria, uma simpática atendente do hotel onde eu estava hospedado em Joanesburgo. Big Boy tinha seu próprio carro, um Volkswagen Citi Golf azul, bastante popular no país, e o usava para fazer o transporte particular de pessoas pela cidade. Contratei seu serviço pela primeira vez para ir

---

[3] Malaria. World Health Organization. Disponível em: <https://www.who.int/malaria/en/>.

ao Parque dos Leões, que fica a cerca de 70km do centro de Joanesburgo. Em poucos minutos de conversa, criamos bastante afinidade.

Big Boy nasceu e cresceu em Soweto, mas durante cinco anos morou em Cuba. Ele me contou que, com o fim do *apartheid*, o governo do Mandela criou algumas parcerias de intercâmbio cultural com o país então governado por Fidel Castro, o que lhe possibilitou estudar Geografia naquela ilha caribenha. De volta a Joanesburgo no começo dos anos 2000, Big Boy chegou a trabalhar como professor no ensino médio, mas decidiu fazer serviços de transporte particular porque, assim como no Brasil, trabalhar como professor em educação básica na África do Sul não é muito valorizado financeiramente.

Além do Parque dos Leões, ele me levou algumas vezes ao cinema, à principal feira de artesanato local, ao Museu do Apartheid e para conhecer seus amigos e familiares em Soweto. *"This is my people!"*, dizia ele todo orgulhoso. Na ocasião, tive o prazer de comer um típico prato sul-africano, o *pap with chicken*. Era um tipo de massa com uma mistura de pedaços de frango com cenoura, pimentão e outros legumes temperados com curry. Achei um pouco picante, mas gostei.

Meu maior agradecimento a Big Boy, no entanto, foi quando ele me socorreu em um dia já tarde da noite. Eu tinha acabado de voltar de uma viagem ao interior de Moçambique e comecei a ter diarreia e um pouco de febre. Embora a diarreia, especificamente, não seja um sintoma típico da malária, o fato de eu ter estado em uma região onde essa doença é endêmica passou a me preocupar. Liguei para ele por volta das 23 horas, e saímos à procura de ajuda médica.

Big Boy me levou a uma clínica no centro de Joanesburgo, onde fiz o teste de malária, que deu negativo. Segundo o médico, eu estava com intoxicação alimentar. Comemorei por não ser malária, mas os dias seguintes foram bem difíceis. Com recomendação médica para fazer repouso, fiquei alguns dias sem ir ao escritório e comecei a sentir uma mistura de sentimentos que envolvia angústia, ansiedade e muita falta da minha família, dos meus amigos e de alguns costumes do meu país.

Acredito que isso tenha se agravado principalmente porque no hotel onde eu estava hospedado não havia conexão com a internet e nem TV a cabo. Assim que terminei o livro que estava lendo na época, a autobiografia de Mandela, *Long Walk to Freedom* (Longa caminhada até a liberdade),[4] passei a me sentir entediado. Passei horas ao telefone falando com pessoas no Brasil, e assim que comecei a me sentir melhor, saí com Big Boy à procura de locais onde eu pudesse encontrar brasileiros.

Sentia-me bem em conversar com ele e outros sul-africanos, mas naqueles dias, parecia não ser o suficiente. Eu queria mesmo era falar português e sobre assuntos brasileiros. Lembro-me de termos passado em vários bares e restaurantes frequentados por estrangeiros, mas não encontrei nenhum conterrâneo.

Liguei para a Embaixada do Brasil e perguntei se havia algum ponto de encontro entre brasileiros vivendo em Joanesburgo, mas me informaram de que desconheciam qualquer lugar com essa característica na cidade.

Aprender a se abrir

Criadora do site Mundo Interno,[5] a psicóloga Vanessa Gazeta tem se dedicado há vários anos ao atendimento online de brasileiros que vivem no exterior. A partir de sua própria experiência, pois em 2012 foi morar em Montevidéu, no Uruguai, ela explica que sentimentos como o que eu senti na África do Sul são comuns no exterior e podem ser desencadeados por vários motivos.

---

[4] MANDELA, N. *Long Walk to Freedom: The Autobiography of Nelson Mandela*. Nova York: Little Brown and Company, 1994.

[5] Mundo Interno — Psicologia Online. Disponível em: <https://www.mundointerno.com/>.

"Eles podem estar relacionados à chegada do inverno, a uma insatisfação profissional, a falta de amigos íntimos, ao rompimento de uma relação amorosa ou a algo que vimos, mas nem lembramos exatamente o que foi", exemplifica. "Já perdi as contas de quantas vezes senti solidão desde que saí do Brasil", comenta.

A especialista explica que não é fácil interagir em um lugar onde ainda não sabemos nos virar muito bem, mas ressalta que, muitas vezes, apenas uma conversa trivial dessas sobre como está o clima já nos faz sentir mais integrados ao novo mundo. "O importante é aprender a se abrir. Se deixamos de interagir com o que nos rodeia, o mundo vai perdendo a graça", afirma.

É verdade. Lembro-me de uma vez que encontrei um casal de brasileiros andando por um shopping em Joanesburgo. Aproximei-me deles, me apresentei, puxei assunto e os convidei para um café. Nossa conversa nem foi tão interessante, mas poder trocar experiências, em português, sobre o que eles estavam achando da cidade foi muito prazeroso.

Para lidar com esse tipo de crise longe de casa, Vanessa sugere um exercício que visa pensar em quem somos e o que realmente queremos. "Nessas horas, é bom recordar o que nos levou a ir morar fora, o que estamos ganhando nessa jornada e quantas dificuldades já passamos e superamos", comenta. "E caso seja necessário, lembrar que os projetos podem ser refeitos", acrescenta.

Nos meus momentos mais solitários na África do Sul, eu costumava abrir meu contrato e ver meu nome como consultor das Nações Unidas, relia minhas reportagens e pensava no quanto aquele trabalho estava sendo impactante na vida de outras pessoas. Isso, de certa forma, me dava mais ânimo para seguir em busca dos meus objetivos. Saber que eu estava ali também por uma escolha totalmente minha e que, quando eu quisesse de fato, poderia voltar ao Brasil me tranquilizava bastante.

Tão longe e tão perto de casa

Em Moçambique, pela similaridade do idioma e até pela influência do Brasil na cultura local por meio da música e da televisão, minha adaptação foi bem mais fácil. A quantidade de brasileiros na capital Maputo também parecia ser muito maior do que em Joanesburgo.

Por curiosidade, no final de 2019, consultei as embaixadas brasileiras nos dois países e descobri que na África do Sul, cuja população estimada era de aproximadamente 58 milhões de habitantes, sendo quase 5 milhões na região metropolitana de Joanesburgo, havia um total de 6 a 8 mil brasileiros. Eles não souberam me informar quantos viviam em Joanesburgo.

Em Moçambique, por sua vez, onde a população era de menos de 30 milhões de habitantes, havia entre 4 e 5 mil brasileiros, sendo que de 80% a 90% deles estavam na capital, cuja população era de 1 milhão.[6]

Na região onde eu vivia em Maputo, era bem comum encontrar com outras pessoas do Brasil, além de que poder assistir programação brasileira em diferentes canais de TV era muito prazeroso. Certa vez, durante viagem para o interior da província moçambicana da Zambézia em 2007, fiquei hospedado na única pousada existente no vilarejo. Não havia nem energia elétrica no local, mas ao sintonizar um pequeno rádio a pilha oferecido pela dona da pousada, ouvi a música "Emoções", do Roberto Carlos. Nunca um nome de uma música me fez tanto sentido quanto naquele dia.

Todos esses aspectos que me aproximavam do Brasil culturalmente, porém, não me impediram de passar por diversas situações inusitadas. Assim que cheguei em Moçambique, por exemplo, saí com uma corretora de imóveis para procurar um apartamento para alugar, e em poucos dias já éramos um grupo de seis ou sete pessoas caminhando pela cidade. É que, à medida

---

[6] INSTITUTO NACIONAL DE ESTATÍTICA. Censo 2017. Maputo: 2019. Disponível em: <http://www.ine.gov.mz/iv-rgph-2017/mocambique/apresentacao-resultados-do-censo-2017-1/view>.

que eu não gostava dos locais visitados, ela envolvia uma nova pessoa na procura, que surgia com outras opções de lugares, e assim por diante.

A princípio, achei-os bem prestativos, mas logo percebi que queriam que eu pagasse pela ajuda, e assim que deixei claro que o combinado era pagar uma comissão para quem me apresentasse o imóvel cujo contrato eu fechasse, quase todos foram embora.

No total, passei dez dias vasculhando alguns dos principais bairros de Maputo até encontrar um apartamento que atendia a minhas expectativas. Meu tempo de procura até que foi pequeno, mas como eu estava gastando cerca de US$100 pela diária do hotel, acabei fechando com o primeiro local que considerei bom.

Era um apartamento grande, de três quartos, mobiliado e em ótima localização. Aceitei pagar US$600 por mês, em um contrato de um ano, e adiantei como depósito caução o equivalente a três mensalidades de aluguel diretamente para o proprietário, o seu Carlos.

Minha mudança ocorreu em quatro dias, pois a família do seu Carlos estava morando no apartamento e teve que procurar outra moradia. Em Maputo, durante o período em que lá vivi, essa prática era bastante comum. Famílias de classe média arrendavam suas propriedades para estrangeiros, com valores altos, mudavam-se para a casa de familiares ou alugavam uma residência bem mais barata na periferia para viver ou juntar o dinheiro ganho com a locação.

Contente com meu novo lar, mudei-me em um sábado pela manhã e passei o dia arrumando o apartamento com seu Carlos, que se comprometeu a consertar algumas portas internas, maçanetas e um dos vidros da sacada do apartamento, que estava quebrado. À tarde, quando fui tomar banho, descobri que não havia água quente no chuveiro. Perguntei ao seu Carlos, e ele me respondeu:

— Ah, o senhor gosta de água quente. Costumamos aquecê-la no fogão.

Ele não estava zombando de mim. Nos mais de dez anos em que ele viveu com sua família ali antes de alugar para mim, eles tomavam banho quente "de canequinha", como costumamos dizer. Maputo é uma cidade quente, mas durante vários dias do inverno chega a fazer menos de 15 °C, e não é nada confortável ter que tomar banho com pequenas porções de água fervida.

Outros detalhes do apartamento do seu Carlos que também me chamaram muito a atenção foram a presença de esteiras em um dos quartos, em vez de cama, e flores plantadas no bidê. Nos apartamentos ao lado, notei que a prática de cozinhar no terraço com lenha e moer milho com pilão era bastante comum.

Com a independência de Portugal em 1975, o governo de Moçambique criou uma ordem conhecida por "20 24", que dava aos portugueses um prazo de 24 horas para deixar o país com até 20 quilos de bagagem. Aqueles que decidissem ficar teriam que passar a cumprir as novas leis do país, que estava se transformando em um Estado socialista.[7]

Tal ordem provocou uma grande debandada de portugueses, o que, por consequência, esvaziou muitas residências na zona urbana de Maputo. O novo governo de Moçambique transformou os principais prédios em órgãos públicos, mas a maioria das casas e apartamentos foi comercializada, sendo que muitas delas passaram a ter como proprietários pessoas vindas do interior, como o seu Carlos, que trouxeram hábitos das regiões de onde viviam.[8]

---

[7] THOMAZ, O. R. Escravos sem dono: a experiência social dos campos de trabalho em Moçambique no período socialista. Universidade Estadual de Campinas, 2008. Disponível em: <http://taurus.unicamp.br/bitstream/REPOSIP/106048/1/2-s2.0-84859519439.pdf>.

[8] RIBEIRO, E. T. N. R. Processo de urbanização em Moçambique — África. Unesp, 2019. Disponível em: <http://anpur.org.br/xviiienanpur/anaisadmin/capapdf.php?reqid=430>.

Proprietário que não vai embora

Além dessas práticas inusitadas dentro dos apartamentos, me pareceu bastante incomum uma atitude que seu Carlos teve logo após a minha mudança. Assim que ele terminou os consertos, me entregou todas as chaves, se despediu e foi embora. Mais ou menos oito horas depois, no começo da madrugada, eu acordei para beber água e me assustei ao vê-lo pela porta de vidro da cozinha, no lado de fora do apartamento, sentado na escada. Abri a porta e perguntei o que tinha acontecido, e ele me explicou que sua esposa e seus dois filhos já tinham encontrado acomodação na casa da irmã dela, mas que ele ainda não tinha para onde ir e que dormiria ali mesmo.

Aquilo não fazia sentido. Como que uma pessoa aluga sua residência e não tem para onde ir? Eles não me pareciam desesperados para alugar o apartamento para quitar alguma dívida ou algo assim. E os US$1.800,00 que eu havia pagado adiantado para ele pelos três primeiros meses do aluguel? Por que ele não usava parte daquele dinheiro para ficar em uma pensão?

Embora minhas dúvidas fossem muitas, ofereci que ele entrasse e dormisse. Afinal, a casa, literalmente, era dele. Na noite seguinte, porém, estava lá ele de volta. Voltei a lhe oferecer abrigo, mas a partir da terceira noite, preferi nem ir até a cozinha ver se ele estava nas escadas. Não me senti bem por tomar tal atitude, mas um dos meus primeiros aprendizados na África foi começar a impor limites. Percebi que muitas pessoas me testavam e tentavam abusar quando eu me mostrava muito solícito e gentil.

Em Maputo, vários vendedores ambulantes, seguranças de estabelecimentos comerciais, vizinhos e até colegas de trabalho me abordavam com frequência para pedir dinheiro emprestado. Não me solicitavam grandes quantias. O equivalente a US$5 ou US$10, dependendo da situação. Mas notei que aquilo se repetiria cada vez mais e com outras pessoas que me vissem emprestando. Por isso, e ao observar que entre eles mesmo a recusa era normal, passei a dizer quase sempre não, com exceção de uma ou outra situação especial.

Meu foco na África era a ajuda humanitária, mas de forma institucionalizada. Preferia estender por horas ou até mesmo no final de semana meu trabalho, sem remuneração extra, ou ainda cooperar de forma voluntária com outros projetos a sair doando dinheiro na rua, embora eu tenha feito isso diversas vezes.

Dez dicas para se adaptar mais rapidamente à vida no exterior

A partir das minhas experiências, das sugestões da psicóloga Vanessa Gazeta e de outros colegas que deixaram o Brasil para trabalhar com projetos sociais, elaborei uma lista com dez dicas que podem te ajudar a se adaptar mais facilmente à vida no exterior. São elas:

1. **Prepare-se para o choque cultural:** Antes da mudança, leia, pesquise e tente conversar com brasileiros que vivem ou já viveram no país do seu destino. É muito importante chegar ao novo lugar conhecendo aspectos da cultura local, hábitos, comidas típicas, clima durante todas as estações do ano e como se comunicará. Caso seu destino seja uma cidade pequena e no interior do país, prepare-se para choques culturais ainda maiores.

2. **Esteja aberto(a) a aceitar o que é diferente:** Nem sempre é fácil se acostumar e ser aceito em um país no qual os valores, os costumes e a cultura são completamente diferentes dos nossos. Por isso, tente chegar com a "cabeça aberta" para assimilar novos costumes. Antes de criar seus conceitos sobre o local, busque compreender a realida-

de dos locais e esteja bem-intencionado(a) para se adaptar e curtir seu novo local de residência.

3. **Evite comparações:** Nenhum lugar será igual ao Brasil ou ao país em que você estava antes. Haverá sempre aspectos piores e melhores. Encarar essas diferenças com entusiasmo e boa vontade é uma ótima forma de aprendizado. Se você ficar o tempo todo fazendo comparações, o processo de adaptação tende a ser mais difícil. Minha vida em Moçambique, por exemplo, foi bem mais prazerosa do que nos Estados Unidos e no Canadá.

4. **Seja sociável:** Conhecer pessoas é um dos processos que mais ajuda na adaptação a um novo país. Procure fazer amizades com colegas de trabalho e vizinhos e não tenha vergonha de convidá-los para um café ou *happy hour*. Se eles forem do próprio país ou já estiverem por lá há mais tempo, peça dicas sobre o que fazer e onde encontrar brasileiros. Começar criando vínculos com brasileiros tende a ser mais fácil.

5. **Mantenha contato com sua família e amigos, mas crie vínculos no país onde estiver:** A falta da família, dos amigos e de vários aspectos da cultura brasileira costuma ser mais intensa nos primeiros meses. Para minimizar essa sensação, planeje-se para manter contato frequente com eles, mas busque criar vínculos com seu novo país. Estar no exterior, mas com os pensamentos apenas no Brasil, pode prejudicar seu processo de adaptação. Sempre que eu retornava a Moçambique depois de férias em São Paulo, levava algumas semanas até me acostumar com a distância do Brasil. Por isso, passei a adotar como prática falar apenas com a minha mãe e a minha irmã uma vez por semana.

6. **Experimente vivenciar aspectos da cultura local:** Para se mostrar mais familiarizado(a) e integrado(a) à cultura local, busque conhecer e experimentar as tradições do seu novo país. Quais são as "pai-

xões" deles? Procure pelos esportes preferidos, artistas mais famosos e festas nacionais.

7. **Fique atento(a) para não cometer gafes:** Observe bem como as pessoas se comportam nesse novo país, a maneira como elas se relacionam umas com as outras, as dinâmicas de trabalho e como elas se vestem. Nós, brasileiros, geralmente somos mais abertos, receptivos e informais, mas nem todas as culturas são assim. Hábitos comuns por aqui como se beijar ou se abraçar em público, falar palavrões ou até mesmo utilizar trajes como bermudas e saias podem ser mal interpretados em alguns países.

8. **Mantenha-se informado(a) sobre o que acontece no país:** Acompanhar o noticiário local é uma boa dica para se integrar à cultura de um novo país. Além de ser uma maneira de ter assuntos interessantes para conversar com as pessoas, demonstra que você está bem informado(a) e interessado(a) nas discussões nacionais.

9. **Ocupe-se com atividades que te deem prazer:** Mesmo que seu objetivo principal nesse país seja trabalhar, busque atividades de lazer. Muitas delas podem ser as mesmas que você já fazia no Brasil. Na África do Sul, eu ia muito ao cinema, e em Moçambique, me matriculei em uma academia e procurei um local para jogar futebol. Inscrever-se em atividades em grupo ajuda a criar novas amizades.

10. **Nos momentos difíceis, lembre-se do seu sonho:** Quando você sentir muita falta da família, dos amigos e de outras lembranças boas que ficaram para trás, foque seus objetivos. Você não quer ajudar a fazer a diferença na vida de outras pessoas? Experiências e carreiras na área social são repletas de situações de superação.

E você?

Já se sente preparado ou preparada para viver e trabalhar em outro país? Busquei, neste capítulo, destacar algumas dificuldades e situações inusitadas e sugerir ações que podem te ajudar a se habituar mais facilmente fora do Brasil, mas cada um tem seu tempo de adaptação.

Nas próximas páginas, irei um pouco além. Abordarei o período pós-adaptação, contando um pouco sobre o cotidiano de pessoas que vivem ou viveram muitos anos longe do Brasil para se dedicar a ações sociais.

CAPÍTULO 10

Respeito, paciência e persistência

Quando viajo para o exterior, tento, sempre que possível conversar com taxistas e motoristas de aplicativos. De forma geral, acho que as opiniões deles representam uma parte significativa da sociedade local. Além disso, consigo muitas vezes extrair peculiaridades que não são possíveis encontrar nos livros, na internet ou mesmo nas explicações dos guias turísticos.

Em Moçambique, um dos primeiros taxistas que conheci foi o senhor Langa. Ao me levar para casa certa vez, por volta das 22h, ele foi abordado no semáforo por um garoto de aproximadamente 10 anos, que se aproximou da janela para pedir dinheiro. Descontente, disse ao menino de forma incisiva:

— O que estás a fazer tão tarde na rua um miúdo como você?

— Vim para a escola, mas fiquei sem dinheiro para voltar para casa e por isso estou a pedir — respondeu o garoto.

O taxista continuou a repreendê-lo, mas me pediu autorização e o convidou para entrar no carro, oferecendo ao "miúdo" uma carona em troca da promessa de que ele jamais ficaria perambulando pelas ruas à noite. Tal atitude me surpreendeu bastante positivamente, e passei a notar que não era comum ver crianças e adolescentes em situação de rua em Maputo, assim como dependentes químicos ou menores infratores.

Havia muitas crianças e adultos pedindo esmolas durante o dia e à noite, mas amontoados em baixo de marquises ou dormindo ao relento, como infelizmente ocorre em muitas cidades brasileiras, não era comum na capital Moçambicana até 2010.

Depois daquele dia, acabei criando uma admiração especial pelo senhor Langa e passei a priorizá-lo sempre que precisava de transporte em Maputo. Ligava alguns minutos antes, e ele me buscava onde eu estivesse.

Simpático e falante, Langa tinha por volta de 60 anos e me contou, em uma das nossas primeiras conversas, que já tinha sido um *madjonidjoni* – nome dado aos moçambicanos que trabalham em minas na região de Joanesburgo. Essa experiência, no entanto, parecia despertar nele uma sensação mista: sentia falta do dinheiro que ganhava no garimpo de ouro e platina, mas tinha más recordações da xenofobia que contou ter sofrido na África do Sul.

Casado e pai de seis (quatro homens e duas mulheres), Langa já tivera oito filhos, mas um faleceu de "morte morrida", maneira que ele usava para se referir aos falecimentos por consequência de algum problema de saúde, e outro vivia com sua ex-esposa no interior de Moçambique. Como não recebia notícias desse filho há cerca de dez anos, preferia não o incluir mais nas suas contas de paternidade.

O senhor Langa e eu tivemos algumas conversas mais profundas, e hoje percebo como foram importantes para o meu processo de entendimento da cultura moçambicana. Uma vez, quando eu ia para um evento sobre aids e começamos a falar sobre o assunto, ele me perguntou se homens infectados pelo HIV poderiam ter filhos. Expliquei que sim, mas que precisavam de um rigoroso acompanhamento médico e, possivelmente, até de um trabalho especial em laboratório para limpeza do esperma.

Na época, final de 2006, a ciência ainda não conhecia muito sobre os efeitos da carga viral indetectável no organismo. Ou seja, diversos estudos hoje demostram que uma grande parte da população de pessoas com HIV em tratamento antirretroviral tem uma quantidade de cópias do vírus no corpo tão baixa (indetectável), que mesmo em relações sexuais sem preservativo não transmite o vírus.[1]

Demonstrando confusão, mas também alívio, Langa me disse algo mais ou menos assim:

— Ainda bem, pois se for para um homem viver sem poder fazer filhos e ter que usar preservativo em todas as relações, a vida já não vale mais a pena.

Fiquei um pouco impressionado com essa fala e até tentei argumentar, afirmando que a vida sempre vale a pena, mas com o passar dos dias percebi o quanto os objetivos vitais podem ser completamente distintos de uma pessoa para a outra. Religião, tradição e condições socioeconômicas são fatores que interferem profundamente nesse tipo de propósito.

Semanas depois dessa conversa, viajei para a província da Zambézia, no interior de Moçambique. Fui acompanhar uma ação de aconselhamento e testagem para o HIV no vilarejo de Chingondole, quase na divisa com o Malawi, e novamente percebi o quanto a realidade com que eu estava acos-

---

[1] O que significa estar com a carga viral indetectável? UNAIDS, 2017. Disponível em: <https://unaids.org.br/2017/07/indetectavel-saude-publica-e-supressao-viral-do-hiv/>.

tumado no Brasil era completamente diferente daquela da maior parte da população africana.

Atento à atividade que a organização humanitária internacional Save the Children estava realizando, notei que a reação das pessoas que recebiam o resultado positivo ou negativo para o vírus causador da aids era quase sempre a mesma: normalidade. Algumas delas saiam sorrindo e conversando com muita naturalidade, mesmo quando já apresentavam alguns sinais mais avançados da doença.

Assim que tive uma oportunidade, chamei a enfermeira Luísa Camurina, que liderava aquele trabalho, e perguntei se as pessoas estavam realmente entendendo o diagnóstico que tinham acabado de receber, e ela me respondeu que sim:

> — Lucas, as pessoas aqui convivem diariamente com infecções de malária, diarreia persistente, tuberculose, além da subnutrição. A sida [aids] é só mais um problema, que, se não for tratada, pode ser que leve à morte, mas a morte, infelizmente, também é só mais um problema do cotidiano por aqui — justificou.

No final de 2006, período em que estive naquele vilarejo, a expectativa de vida média da população local era de cerca de 40 anos. O Recenseamento Geral da População e Habitação de Moçambique, divulgado em 2017,[2] indicava uma expectativa de vida ao nascer de aproximadamente 53 anos. Isso representa uma média bem mais baixa que a dos brasileiros (75 anos[3]) ou até mesmo do que da população mundial (64,5 anos[4]), o que ajuda a justificar a enorme determinação do senhor Langa por ter filhos.

---

[2] INSTITUTO NACIONAL DE ESTATÍSTICA. IV Recenseamento geral da população e habitação 2017 — resultados definitivos Moçambique. Maputo, 2019. Disponível em: <http://www.ine.gov.mz/iv-rgph-2017/mocambique/censo-2017-brochura-dos-resultados-definitivos-do-iv-rgph-nacional.pdf/view>.
[3] BRASIL. The World Bank. Disponível em: <https://data.worldbank.org/country/brazil?locale=pt>.
[4] CENTRAL INTELLIGENCE AGENCY. The World Factbook. [2017]. Disponível em: <https://www.cia.gov/library/publications/the-world-factbook/rankorder/2102rank.html>.

Conversando com vários outros moçambicanos, percebi também que a procriação representava para eles um sinal de boa saúde e até de riqueza. Por isso, mas não só, o uso do preservativo era tão baixo em Moçambique. Em 2009, quando eu ainda morava em Maputo, apenas 8% das mulheres e 16% dos homens de 15 a 49 anos de idade disseram, durante um inquérito nacional, que tinham usado camisinha em sua última relação sexual.[5] Cerca de 10 anos depois, o governo moçambicano informou que a adesão ao preservativo continuava baixa no país: somente 24% das mulheres e 28% dos homens faziam uso frequente desse insumo preventivo.[6]

Entre os fatores que prejudicavam e ainda prejudicam o uso da camisinha em Moçambique destacam-se a relação de confiança excessiva no parceiro ou na parceira, o acesso limitado do produto para muitas populações e até as ideias de que o preservativo criaria um bloqueio do contato total entre os corpos ou seria um tipo de incentivo à violação das normas e da moral.[7]

Outro problema que também impacta na utilização da camisinha em Moçambique é o mito de que o próprio produto teria o vírus HIV. Como o preservativo se tornou mais popular no país com a chegada da aids na década de 1980, muitas pessoas associavam esse método preventivo à propagação do vírus. E para piorar a situação, já em 2007, depois de as autoridades sanitárias estarem há vários anos tentando desconstruir essa falsa informação, o arcebispo moçambicano Francisco Chimoio deu o seguinte depoimento à rede de notícias *BBC*. "Sei que dois países europeus estão produzindo preservativos

---

[5] INSTITUTO NACIONAL DE ESTATÍSTICA. Inquérito Nacional de Prevalência, Riscos Comportamentais e Informação sobre o HIV e SIDA em Moçambique (INSIDA). Maputo, 2009. Disponível em: <http://www.ine.gov.mz/operacoes-estatisticas/inqueritos/inquerito-nacional-de-prevalencia-riscos-comportamentais-e-informacao-sobre-o-hiv-e-sida-em-mocambique-insida/insida-2009-relatorio-final.pdf/view>.

[6] Apenas metade dos moçambicanos que fazem sexo usam preservativo. SAPO Notícias, 2018. Disponível em:<https://noticias.sapo.mz/sociedade/artigos/apenas-metade-dos-mocambicanos-que-fazem-sexo-usam-preservativo>.

[7] MATSINHE, Cristiano. Tábula rasa: Dinâmica de resposta moçambicana ao HIV/SIDA. Maputo: Texto Editores, 2005.

com vírus de propósito. Eles querem acabar com o povo africano. Querem colonizar tudo. Se não tomarmos cuidado, estamos liquidados."[8]

Lembro-me que essa fala me rendeu muito trabalho como profissional da comunicação. Foram várias notícias sobre o assunto e até uma campanha de incentivo ao uso do preservativo focada nos mitos que envolviam o produto em Moçambique.

"No Brasil há casas luxuosas?"

Voltando às conversas que eu tinha com o senhor Langa, outra que também me chamou bastante atenção foi sobre violência urbana. Estávamos falando sobre o Brasil, e ele me disse que tinha bastante curiosidade de conhecer o meu país, mas que não teria coragem por se tratar de um lugar "extremamente perigoso".

Essa impressão dele, embora fizesse bastante sentido, pois os riscos de roubo, assassinato e sequestro em Moçambique, pelo menos até o período em que lá morei, eram bem menores do que no Brasil, me soou estranha, mas logo percebi que era um tipo de percepção comum no país, influenciada pela grande presença de telenovelas, filmes e telejornais brasileiros sensacionalistas.

No meu segundo ano vivendo em Moçambique, uma colega de trabalho, moçambicana, me perguntou se no Brasil havia casas luxuosas como as dos bairros ricos de Maputo, pois a imagem que ela tinha do meu país era de ser muito pobre e repleto de favelas.

Nesse dia, em especial, me senti incomodado, pois percebi que a crítica dela foi para me atingir, pois veio na mesma semana em que ela mencionou algo sobre a grande ocupação de "estrangeiros oportunistas" nos cargos de

---

[8] Bispo africano acusa europeus de infectar camisinhas com HIV. BBC Brasil, 2007. Disponível em: <https://www.bbc.com/portuguese/reporterbbc/story/2007/09/070927_aids_mocambique_pu.shtml>.

chefia em Moçambique. Tal comentário, por sua vez, foi consequência de uma reunião de trabalho que tivemos, quando, após meses percebendo que ela e outros colegas estavam muito descomprometidos, decidi ser um pouco mais incisivo nas minhas cobranças profissionais.

Como mencionei, após quase um ano e meio atuando como repórter na cobertura de temas relacionados à aids em Moçambique, aceitei, no final de 2007, um convite do Fundo das Nações Unidas para a Infância (Unicef) para trabalhar na área de comunicação do Conselho Nacional de Combate ao HIV e SIDA (CNCS), órgão governamental responsável pela organização da resposta contra a aids em Moçambique e cuja reputação era de ser bem burocrático e inábil com o uso das doações financeiras que recebia.

A proposta era para que eu fosse assessor técnico de um novo diretor de comunicação que seria selecionado, mas essa contratação acabou não ocorrendo. Ou seja, com 26 anos de idade, assumi interinamente a coordenação de um dos setores mais importantes dentro de um dos órgãos mais estratégicos para a resposta contra o HIV e aids em Moçambique.

Além de grande responsabilidade, me vi diante de uma enorme demanda de tarefas e sob o desafio de coordenar o trabalho de vários profissionais desmotivados. Detalhe: eu era um dos mais novos e o único estrangeiro atuando dentro da sede do CNCS, em Maputo. Em alguns momentos, tive que liderar projetos com colegas que tinham pouco conhecimento técnico sobre o assunto, mas que lá estavam por indicação de alguém do alto escalão do governo — problema que também é comum no Brasil e em várias outras partes do mundo.

Cheguei a trabalhar com moçambicanos que participaram da linha de frente da guerra civil que afetou o país até 1992. Apesar da grande experiência de vida que tinham e da excelente habilidade de liderar, faltavam a eles, muitas vezes, habilidades importantes para lidar com a tecnologia e com a rápida resolutividade das tarefas cotidianas de um escritório.

A psicóloga Elaine Teixeira, que também atuou para o governo em Moçambique, recorda-se do quão burocrático eram alguns processos. Assim como acontecia comigo e com muitos outros brasileiros que lá estavam, ela tinha que sair e voltar do país a cada três meses para conseguir um novo visto na fronteira.

"Isso era muito desgastante. Às vezes, interrompia um trabalho muito importante para a população para ir cumprir uma função protocolar, além de incertezas sobre a renovação do meu visto e situações humilhantes vivenciadas nas fronteiras da África do sul e Suazilândia", conta. "Mesmo trabalhando para os Médicos Sem Fronteiras e prestando serviço essencial para o país, a dificuldade para se conseguir um visto de trabalho era enorme", acrescenta.

A recompensa é valiosa

Caro leitor ou leitora, você consegue imaginar o quão desafiador é atuar em um país com histórico recente de guerras, pouco desenvolvido economicamente, escasso em mão de obra qualificada para várias áreas e ainda com uma forte herança da burocratização do tempo em que era colônia de Portugal? Posso te garantir que o desafio é enorme, mas a recompensa quando os resultados positivos começam a aparecer é ainda maior.

Em menos de um mês de trabalho no CNCS, consegui, com a minha equipe, encontrar e distribuir por todo o país os milhares de exemplares da Estratégia Nacional de Comunicação para Combate ao HIV/SIDA.[9] Tais documentos, que já haviam sido pagos pelo Unicef para guiar as ações públicas de comunicação contra a aids em Moçambique, estavam há meses abandonados na gráfica que fez a impressão porque faltava uma assinatura do nosso diretor para a liberação do material.

---

[9] CONSELHO NACIONAL DE COMBATE AO HIV/SIDA. Estratégia Nacional de Comunicação para o Combate ao HIV/SIDA. Moçambique, 2006. Disponível em: <https://www.ilo.org/wcmsp5/groups/public/---ed_protect/---protrav/---ilo_aids/documents/legaldocument/wcms_172573.pdf>.

Orientado pelos meus colegas de trabalho, que me passaram esse histórico, consegui no mesmo dia a assinatura necessária, e fomos juntos, de táxi, retirar o material na gráfica. Na semana seguinte, os documentos já estavam sendo enviados para as onze províncias moçambicanas.

O tempo médio para resolver as ações de trabalho em Moçambique também me parecia sempre maior do que aquele a que eu estava acostumado no Brasil, em especial quando envolvia órgãos públicos.

No CNCS, para qualquer ideia ou iniciativa que eu tivesse, era preciso redigir um ofício, imprimir e entregar pessoalmente às secretárias da diretoria e aguardar por dias ou até semanas por uma resposta. Mesmo assim, consegui ajudar a colocar em prática muitos projetos que estavam parados, e a unidade de comunicação daquele Conselho Nacional voltou a ter papel de destaque no enfrentamento da aids em Moçambique.

Depois de distribuirmos as estratégias de comunicação pelo país, por exemplo, viajamos a várias províncias para implementá-las com a participação ativa da sociedade. Reuníamos jornalistas, representantes de associações comunitárias, líderes de bairros, religiosos, curandeiros e várias outras pessoas que tinham prestígio em seus distritos para traçarmos um plano de prevenção com atividades e linguagens que melhor se adaptassem aos problemas e à cultura de cada região.

Além da experiência prévia que eu já tinha como repórter no país, essas viagens me ajudaram muito a conhecer Moçambique mais a fundo. Tive contato com um senhor que se casou com a própria filha e depois com a neta com o propósito de não compartilhar com outras famílias os seus bens, que não passavam de duas pequenas casas simples e algumas cabeças de bode.

Conversei também com pessoas com albinismo, anomalia que provoca ausência de pigmentação na pele, que viviam apavoradas com medo de serem assassinadas e esquartejadas. Em Moçambique e em vários outros países africanos, existe um mito absurdo de que partes do corpo das pessoas albinas, ao serem usadas em rituais macabros, trariam ascensão financeira e proteção para diferentes males.[10]

Conheci, ainda, o trabalho de uma organização que lutava contra o abuso sexual na adolescência e tinha os professores como um dos seus públicos-alvo. É que, por exercerem papel de poder nas pequenas cidades, vários acabam pressionando algumas alunas a fazerem sexo com eles para serem aprovadas nas provas.[11] E para deixar essa situação ainda mais grave, em alguns casos, o abuso tem o consentimento dos próprios pais da mulher violentada, que veem na possibilidade de gravidez da filha a chance de receberem alguma ajuda financeira do professor. Tal problemática virou até tema de filme, *O jardim do outro homem*, dirigido por Sol de Carvalho e considerado uma das maiores produções cinematográficas de Moçambique.

Na maioria dessas viagens, eu passava muito repelente para me proteger da picada do mosquito causador da malária e jamais saía pelas zonas rurais andando sozinho. Não era por receio de violência, pois o interior moçambicano era bem tranquilo quando lá morei, mas por medo de pisar em alguma mina terrestre escondida durante os períodos de guerra no país. Em 2010, oito pessoas morreram e doze ficaram feridas no interior de Moçambique em decorrência desse tipo de explosão.[12]

Ao assinar meu primeiro contrato de consultoria para a ONU no país, fui alertado sobre esse risco, mas na capital Maputo, onde eu morava, não havia mais nenhuma mina terrestre. Ainda bem! Em 2015, cinco anos após o meu retorno ao Brasil, o governo moçambicano declarou estar livre de artefatos

---

[10] FRANZE, J. J.; MALOA, J. M. A problemática em Moçambique de rapto, morte e retirada de partes de corpo de pessoas albinas. *Revista da Faculdade de Direito da UFRGS*, Porto Alegre, n. 37, p. 278-290, dez. 2017. Disponível em: <https://seer.ufrgs.br/revfacdir/article/view/77472>.

[11] LUTXEQUE, Sitoi. Como prevenir o assédio sexual nas escolas moçambicanas? DW, 2016. Disponível em: <https://www.dw.com/pt-002/como-prevenir-o-ass%C3%A9dio-sexual-nas-escolas-mo%C3%A7ambicanas/a-36860372>.

[12] CASTRO, Eduardo. Minas terrestres ainda matam em Moçambique. Agência Brasil, 2010. Disponível em: <https://agencia-brasil.jusbrasil.com.br/noticias/2334678/minas-terrestres-ainda-matam-em-mocambique>.

explosivos após mais de duas décadas de realização de um grande programa de desminagem.[13]

Conhecimento se transforma em experiência

Todas as minhas vivências por Moçambique, ao mesmo tempo em que me deixavam tenso ou até impactado, traziam-me mais comoção e conhecimento para lidar com a realidade social do país, em especial com os fatores culturais relacionados à propagação do HIV, e acredito que consegui demonstrar isso para meus colegas do CNCS.

Com exceção daquele breve desentendimento que tive ao cobrá-los profissionalmente de forma mais intensa, construí um bom relacionamento com todos. Foi essencial para isso, no entanto, o suporte que recebi de alguns mentores.

Na mesma semana em que percebi parte da minha equipe no CNCS estava desmotivada, saí para conversar com alguns amigos que viviam há mais tempo na África e tinham bem mais experiência em projetos sociais. De diferentes formas, eles foram unânimes ao afirmar que era preciso ter respeito, paciência e persistência. Respeito para entender e aceitar as limitações do ambiente de trabalho, paciência para aguardar os tempos e processos, que geralmente são diferentes dos nossos, e persistência para não desistir de alcançar os objetivos planejados.

Alguns dias depois, marquei uma reunião com meus colegas de trabalho e comecei o encontro pedindo desculpas pela forma como os cobrei. Àquela altura, já estava bem mais claro para mim que a virtude de respeitar ia além

---

[13] Moçambique declara fim de minas antipessoais. Portal do Governo de Moçambique. Disponível em: <https://www.portaldogoverno.gov.mz/por/Imprensa/Noticias/Mocambique-declara-fim-de-minas-antipessoais>.

de tratar uma pessoa de forma educada, mas envolvia também ter empatia. Eles reagiram bem, e eu acabei optando por fazer uma nova divisão de tarefas, cujo propósito era tornar esse processo bem mais democrático. Solicitei que cada um escolhesse duas tarefas que mais se identificassem, e as três últimas ficariam para mim.

Quando o clima já estava bem descontraído, no entanto, uma das pessoas da equipe, pela qual eu tinha mais intimidade, brincou, mencionando algo como:

— Achávamos que com o fim do colonialismo português não haveria mais estrangeiros dizendo o que deveríamos ou não fazer aqui em nosso país.

Essa brincadeira com "um fundo de verdade", como costumamos dizer, me reforçou ainda mais o quanto é importante entender a história de um país para conseguir ter sucesso nos projetos sociais. "Apesar de toda a carência existente por parte da população dos países pouco desenvolvidos economicamente, eles também têm muita sabedoria", explica o sociólogo e professor brasileiro Alberto Silva, que já prestou serviços para diversas agências das Nações Unidas e para a ActionAid.

Em Moçambique, onde viveu por quatro anos e nos conhecemos, Alberto se recorda de uma iniciativa em que esteve envolvido na província da Nampula, no Norte do país, e cujos resultados iniciais foram insatisfatórios devido à falta de entendimento das necessidades prioritárias da população. A ideia central do projeto era distribuir redes mosquiteiras para as famílias se protegerem contra a picada do mosquito transmissor da malária, mas meses depois, quando voltou aos vilarejos onde a distribuição havia ocorrido, percebeu que o material estava sendo usado para pegar peixe nos lagos e rios próximos.

"Erramos. Se a gente conhecesse de fato quais eram as maiores necessidades deles, teríamos percebido que estar bem alimentado não deixa de ser mais importante para o corpo enfrentar a malária do que a própria proteção da picada do mosquito", diz o sociólogo. "Talvez a gente tivesse que ter ouvido mais as pessoas antes de sair fazendo", acrescenta.

Além de Moçambique, Alberto viveu por sete meses entre 2018 e 2019 na Etiópia, país localizado no sudeste africano, região também conhecida como Chifre da África. Ele aceitou o desafio de retornar ao continente africano 8 anos depois para coordenar um projeto de desenvolvimento urbano sustentável da ONU-Habitat em Hawassa, cidade a 273km da capital Addis Abeba.

"Foi uma experiência muito rica, mas ao mesmo tempo com várias dificuldades. Diversos aspectos relacionados à cultura deles, como comida, língua e até a contagem do tempo, eram completamente diferentes de tudo o que eu já tinha vivenciado", conta.

A Etiópia tem a segunda maior população do continente africano, com cerca de 112 milhões de habitantes[14] em 2019, ficando atrás apenas da Nigéria, com 200 milhões,[15] e é uma das civilizações mais antigas do mundo, podendo ser o lugar em que a nossa espécie, o *Homo sapiens*, se originou.[16]

O país orgulha-se também por ter sido um dos únicos africanos — o outro foi a Libéria — a nunca ter sido colonizado por uma nação europeia, o que o possibilitou conservar ainda mais suas tradições milenares. Das mais de 80 línguas reconhecidas na Etiópia, nenhuma delas é oriunda da Europa. O amárico é o idioma oficial de trabalho nos órgãos públicos, embora o inglês seja o meio de comunicação dominante entre os estrangeiros que atuam nas organizações humanitárias.

Conforme comentou Alberto, a contagem de tempo no país também é bem diferente da nossa. O ano etíope tem 13 meses e começa no que seria

---

[14] População da Etiópia. The World Bank. Disponível em: <https://data.worldbank.org/indicator/SP.POP.TOTL?locations=ET>.

[15] População da Nigéria. The World Bank. Disponível em:<https://data.worldbank.org/indicator/SP.POP.TOTL?locations=NG>.

[16] ABSHER, D. M. *et al.* Worldwide Human Relationships Inferred from Genome-Wide Patterns of Variation. *Science*, v. 319, 2008. Disponível em:<https://science.sciencemag.org/content/319/5866/1100>.

o dia 11 de setembro em nosso calendário — data que, de acordo com a história local, marcou o retorno da rainha de Sabá ao país após visitar o rei Salomão em Jerusalém. Dos 13 meses que formam o calendário da Etiópia, 12 têm 30 dias e um tem apenas seis dias. Quando no Brasil entramos em 2020, por exemplo, lá ainda era 2013.

Além disso, o início do dia naquela nação africana está atrelado ao nascer do sol e, por isso, se dá sempre às 6h, e não a meia-noite, como em quase todo o mundo. "Era uma baita confusão quando marcávamos alguma reunião de trabalho. Eu sempre ficava em dúvida se o horário marcado era o nosso ou o etíope", lembra Alberto.

Segundo o sociólogo, o conhecimento prévio que já tinha sobre a importância de respeitar ao máximo as limitações, os valores e o conhecimento da população local foi determinante para a realização dos seus objetivos profissionais na Etiópia. "Quem sai do Brasil para trabalhar com projeto social achando que será o salvador do mundo e que o povo a ser ajudado é um coitadinho está fadado ao fracasso", avalia.

Com ótimas lembranças do continente africano, Alberto também sugere a quem deseja trabalhar com projetos sociais no exterior ou até mesmo no Brasil as três virtudes básicas que deram nome a este capítulo: respeito, paciência e persistência. "Precisamos sempre ter a humildade de reconhecermos que não sabemos tudo e que nosso papel nas ações humanitárias é muito mais de ouvir e contribuir, conforme a realidade local, do que estabelecer mudanças culturais", completa.

"Estude a história do país!"

O antropólogo moçambicano Marílio Wane tem uma forte relação com o Brasil. Mudou-se com seus pais de Maputo para São Paulo em 1990, com apenas 10 anos de idade, e viveu na capital paulista até 2005, quando retornou a Moçambique depois de terminar a graduação em Ciências Sociais na Universidade de São Paulo (USP). Três anos depois, regressou ao Brasil para fazer mestrado na Universidade Federal da Bahia (UFB), de 2008 a 2010.

Com mais de 17 anos de sua vida morando no Brasil, além de passagens rápidas a trabalho em 2014 e em 2016, ele enaltece a importância dos vínculos culturais criados entre os dois países ao longo da história, mas ressalta que existe uma tendência dos brasileiros que trabalham em Moçambique de olhar os problemas locais a partir da perspectiva sociocultural brasileira. "Na minha área, que é a pesquisa científica, muitos brasileiros chegam utilizando conceitos e instrumentos analíticos que deram certo no Brasil, mas que não necessariamente funcionam em Moçambique, e isso também pode ser observado em ações humanitárias e em muitas outras áreas", diz.

Segundo Marílio, a facilidade pelo domínio do idioma, a especialização em determinados assuntos e, muitas vezes, até a experiência prévia com grupos sociais parecidos podem acabar dando aos brasileiros uma falsa sensação de conhecimento sobre como resolver as problemáticas moçambicanas, o que geralmente não acontece com estrangeiros de culturas muito distintas.

"Para um sueco que chega em Moçambique, por exemplo, o impacto cultural será tão grande, que talvez a cautela por parte dele seja maior do que de um brasileiro", compara. "Isso não quer dizer que brasileiros terão mais dificuldades em trabalhar em Moçambique, pelo contrário, eu até acho que terão mais facilidade, mas o segredo provavelmente esteja em entender e perceber que Moçambique não é o Brasil, e vice-versa", complementa.

Pesquisador do Instituto de Investigação Sociocultural (ARPAC), órgão sob tutela do Ministério da Cultura e Turismo de Moçambique, o antropólogo sugere aos brasileiros que estão se preparando para participar de um projeto social na África que, além de empatia, busquem estudar a história recente do país de destino e estejam abertos a aprender. "Até eu, que sou moçambicano, quando saio de Maputo e viajo para o interior do país, preciso me ajustar aos valores da cultura e realidades locais", conta. "E isso também ocorre com vários outros colegas que sempre viveram em Moçambique, mas que, quando deixam a capital do país rumo ao interior, precisam se readequar", acrescenta.

Atual representante do Fundo das Nações Unidas para a Infância (Unicef) na Costa Rica, a brasileira Patrícia Portela de Souza tornou-se funcionária da ONU em 1997. Desde então, além do Brasil, já morou em Moçambique, em Angola e no Quênia, na África; em Bangladesh, na Ásia; e em Nova York, nos Estados Unidos. Com tantos países e anos de experiência, ela recomenda aos brasileiros que estão iniciando na área social que não sejam autorreferência. "Vá preparado e assertivo, sabendo que o Brasil tem muito a contribuir, mas tem muito o que aprender também, por isso, vá humilde e escute muito", enfatiza a baiana.

Com mais de vinte anos de Unicef, Patrícia conta que seu maior desafio frente a diferentes trabalhos sociais fora do Brasil é ter que, às vezes, apertar as mãos de pessoas que violam os direitos humanos. "A gente tem que passar por situações constrangedoras assim, mas respiramos fundo e pensamos: é preciso negociar e seguir adiante para avançar no trabalho e garantir os direitos de crianças e adolescentes que precisam tanto", comenta.

Como expliquei anteriormente, diferentemente de outras organizações humanitárias, as agências e os fundos das Nações Unidas atuam de forma integrada e complementar às ações governamentais e da sociedade civil. Ou seja, os governantes e a sociedade civil de cada país definem com a ONU a sua atuação local. Por conta disso, Patrícia enfatiza que seu trabalho precisa ser sempre neutro, imparcial, evitando críticas e posicionamentos polêmicos nas redes sociais, por exemplo. "O nosso foco é fazer valer os direitos humanos nas leis, nas políticas e na vida cotidiana das pessoas", comenta. "Qualquer ação que seja prejudicial aos direitos humanos, nós somos livres para criticar, mas não podemos encerrar diálogos com governos e outras instituições, pois se acabarem nossos diálogos, acabou nosso trabalho. Quem trabalha para a ONU não pode fechar portas. Deve sempre abrir portas", acrescenta a jornalista.

A jornada de uma Barbie pela África

A SAIH,[17] uma organização solidária norueguesa de estudantes e acadêmicos, desenvolveu uma campanha chamada Radi-Aid,[18] que tem por objetivo desmistificar alguns mitos referentes ao trabalho social internacional e alertar os interessados sobre o que não fazer quando participarem dessas iniciativas.

A partir de um guia e um vídeo, disponíveis em **www.radiaid.com**, e um perfil no Instagram (**@barbiesavior**) que conta de forma irônica a jornada de uma Barbie pelo continente africano, a campanha traz uma série de condutas inadequadas de pessoas que viajam para trabalhar ou visitar projetos sociais.

Denominado "Como se comunicar com o mundo",[19] o guia estabelece quatro princípios básicos e um *checklist* que deveriam ser seguidos por todos aqueles que participam de projetos sociais e desejam divulgá-los nas redes sociais:

1. **Promova a dignidade:** Evite usar palavras que desmoralizem ou propaguem estereótipos. Não generalize um povo inteiro, grupos, culturas ou países. Lembre-se: pessoas não são atrações turísticas.

2. **Consentimento:** O consentimento é o elemento-chave para um retrato responsável dos outros nas redes sociais. Respeite a privacidade alheia, peça permissão e conte o que você pretende fazer com o material. Evite fotografar pessoas doentes ou em hospitais. Foto de crianças? Pergunte a elas e também aos seus pais.

3. **Questione suas intenções:** Ficou em dúvida sobre "postar ou não postar" uma foto do seu trabalho social? Não poste se você estiver em busca de *likes* ou for o centro da questão.

---

[17] SAIH. Disponível em: <https://saih.no/english/>.
[18] RADI-AID. Disponível em: <https://www.radiaid.com>.
[19] Idem. How To Communicate The World — A Social Media Guide for Volunteers and Travelers. Disponível em: <www.radiaid.com/social-media-guide>.

4. **Use a oportunidade para quebrar estereótipos:** Aproveite a oportunidade que você está tendo para contar aos seus amigos e conhecidos das redes sociais uma história que ainda não foi contada. Valorize a solidariedade e a conexão. Uma boa forma de fazer isso é conhecer a trajetória das pessoas e perguntar o que elas gostariam de contar para o mundo.

Para consultar antes de postar algo nas redes sociais

- Perguntei-me qual minha intenção compartilhando esse post?
- Ganhei consentimento da pessoa da foto ou dela e de um responsável?
- Sei o nome e a história da pessoa retratada?
- Ofereci uma cópia do material para a pessoa?
- Evitei generalizações e incluí informações úteis?
- Tive respeito pelas diferentes culturas e tradições?
- Perguntei-me se eu gostaria de ser retratada(o) da mesma maneira?
- Evitei retratar pessoas em situações sensíveis, vulneráveis ou em hospitais e clínicas?
- Não me coloquei como o herói da história?
- Desafiei minhas percepções e quebrei estereótipos?

Se as suas respostas foram positivas para todas essas perguntas, publique a foto ou o vídeo e ajude a mostrar ao mundo a existência dessas pessoas e a importância da nossa ajuda para elas.

E você?

Já se sente realmente preparado(a) para trabalhar em um projeto social no exterior, ou prefere aprimorar por mais um tempo as suas virtudes de respeito, paciência e persistência, no Brasil, onde a barreira de adaptação e conhecimento da cultura local tendem a ser menos difíceis?

No próximo capítulo, discutiremos o momento certo de encerrar um ciclo de trabalho e partir para uma nova experiência, dando oportunidade para que outras pessoas ocupem a nossa função.

CAPÍTULO II
Deixando um legado e partindo para outro projeto

Em setembro de 2008, exatamente dois anos depois do convite que recebi da jornalista Roseli Tardelli para substituí-la em uma consultoria para as Nações Unidas na África do Sul, o que mudaria radicalmente a minha vida, havia chegado a minha hora de convidá-la para um projeto que mudaria nossa vida. Assim como ela tinha feito comigo, convidei-a para uma conversa, mas desta vez por telefone, pois eu estava em Maputo, e ela, em São Paulo, e também fui direto ao ponto:

— Acredito que seu sonho de expandir a Agência Aids para a África pode se tornar realidade.

Na verdade, antes de me mudar para Moçambique, eu já sabia do desejo da Roseli em expandir a atuação da Agência para o continente mais afetado pelo HIV em todo o planeta. Alguns meses depois de lançar esse projeto em São Paulo, em 2003, ela disse em entrevista à *Revista IMPRENSA*[1] que sua "próxima parada seria a África". Eu nunca imaginei, porém, que seria um dos principais responsáveis pela concretização desse sonho.

Tudo começou quando, já morando em Moçambique, constatei o quanto seria importante para o país a criação de um serviço que pudesse melhorar a cobertura jornalística e fomentar discussões relevantes sobre a aids em toda a sociedade. O Segundo Plano Estratégico Nacional de Resposta ao HIV e SIDA,[2] por exemplo, um dos primeiros documentos oficiais que li para me informar sobre como o governo moçambicano enxergava os desafios impostos pela epidemia, chamou minha atenção para o papel de destaque dado aos profissionais de comunicação social.

Produzido para guiar o combate à aids em Moçambique entre 2005 e 2009, o Plano convocava os jornalistas a divulgar experiências, testemunhos e histórias de sucesso na luta contra o HIV, mas alertava que, por não terem conhecimento suficiente sobre a doença, muitos desses profissionais poderiam difundir mensagens que aumentassem o estigma e a discriminação das pessoas infectadas. Para evitar esse problema, o governo moçambicano recomendava que fosse instituída no país uma formação que habilitasse os comunicadores a tratar corretamente o tema.

Assim como em outras áreas da educação, no entanto, a prática da formação em Jornalismo ainda era limitada em Moçambique quando lá cheguei. Como já comentei, o primeiro curso de graduação em Jornalismo, com a duração de quatro anos, como ocorre no Brasil, começou a formar seus

---

[1] DUCCINI, Mariana. Próxima parada: África. *Revista IMPRENSA*, 2003. Disponível em: <http://www.portalimprensa.com.br/forumaids/pdfs/IMPRENSA_183_JULHO_AGOSTO_2003_web.pdf>
[2] MOÇAMBIQUE. *Segundo Plano Estratégico Nacional de Combate ao HIV/SIDA*. Conselho Nacional de Combate ao SIDA, Ministério da Saúde de Moçambique. Maputo, 2004.

primeiros alunos no final de 2007, na Escola de Comunicação e Artes da Universidade pública Eduardo Mondlane (UEM). Até então, os jornalistas eram formados principalmente por meio de um curso técnico com duração de dois a três anos, oferecido por outra instituição, a Escola de Jornalismo, com aulas presenciais apenas na capital Maputo.

Quanto mais eu conhecia os desafios impostos para a área de comunicação contra o HIV em Moçambique, mais eu me convencia sobre o quão positivo seria uma agência de notícias moçambicana especializada em aids, e sem nenhum tipo de planejamento prévio, passei a contar para várias lideranças no país o *case* de sucesso que era a Agência Aids no Brasil, até que o diretor do Programa Conjunto das Nações Unidas para o HIV e Aids (Unaids) em Moçambique na época, o advogado brasileiro Maurício Cysne, interessou-se bastante pela iniciativa e conseguiu programar parte dos recursos anuais de programa da ONU para financiar o projeto.

Foram vários meses de reuniões, produções de orçamentos e longas conversas com Roseli, que incluiu até algumas viagens dela a Moçambique, para finalmente lançarmos, em agosto de 2009, durante um evento realizado na capital Maputo, a Agência de Notícias de Resposta ao SIDA — o primeiro serviço moçambicano especializado em difundir informações diretamente das fontes para os veículos de comunicação do país.

Contribuíram muito também para que essa iniciativa saísse do papel o médico sanitarista Dr. Pedro Chequer, que estava à frente do Unaids no Brasil, mas que já havia dirigido esse programa temático da ONU em Moçambique, na Argentina e na Rússia, e a jornalista Patrícia Portela Souza, que coordenou a área de Comunicação para o Desenvolvimento do Unicef em Moçambique de 2004 a 2009.

Impacto na mídia e na sociedade

Nos seis meses iniciais de projeto, período que gerenciei *in loco* a Agência SIDA e acabei mensurando bem os resultados obtidos, que posteriormente divulguei em um artigo científico,[3] foram produzidas mais de duzentas notícias e reportagens, sendo que a maioria delas buscou dar voz às pessoas vivendo com HIV e aids em Moçambique.

Além de publicadas no site da agência e enviadas por e-mail para centenas de jornalistas moçambicanos, essas produções eram também repassadas para outros formadores de opinião, como representantes do governo e das agências humanitárias, ativistas, pesquisadores, médicos e professores.

Algumas das publicações da Agência SIDA tiveram tanta repercussão, que acabaram gerando debates públicos no país. Em uma delas, por exemplo, aproveitamos uma das principais diretrizes mundiais na época para o enfrentamento da aids, que era a realização do teste de HIV em massa, para criar uma série especial que chamava a atenção sobre a importância de o próprio presidente moçambicano fazer o exame.

Entrevistamos vários ativistas, especialistas e até artistas de renome no país e que foram unânimes em afirmar que seria muito incentivador à população se o então presidente Armando Emílio Guebuza fizesse em público o teste de detecção do vírus causador da aids.

Semanas após as publicações na Agência, em 1° de dezembro de 2009, Dia Mundial de Luta contra a Aids, Guebuza se comprometeu, durante um evento televisionado, a fazer o exame. Pessoas próximas ao presidente me contaram que ele já estava com essa predisposição, mas que tinha lido alguma

---

[3] BONANNO, L. P.; VASCONCELLOS, M. P. Transcendendo fronteiras e criando notícias: a Agência de Notícias da Sida em Moçambique. *Saúde Transform. Soc.* v.5, n.1. Florianópolis, 2014. Disponível em: <http://pepsic.bvsalud.org/scielo.php?script=sci_arttext&pid=S2178-70852014000100012>.

das nossas reportagens, republicadas em algum jornal impresso, e que se sentira ainda mais engajado pelo ato.

Apenas nos primeiros seis meses de projeto, quase trinta textos produzidos pela Agência SIDA foram utilizados na íntegra ou parcialmente pelos jornais locais. Para que isso ocorresse, antes do lançamento da agência, visitei as principais redações do país apresentando o projeto e oferecendo gratuitamente as nossas notícias. Conseguimos, ainda, uma parceria com o Fórum Nacional das Rádios Comunitárias, o que nos possibilitou o envio de notícias sobre aids para regiões remotas de Moçambique.

Outro aspecto que também merece destaque em relação ao alcance da Agência SIDA para além da capital Maputo foi a grande quantidade de acessos ao site do projeto fora de Moçambique. Além do Brasil, pessoas em outros 45 países de todos os continentes estavam visualizando com frequência as publicações online da agência.

A Agência SIDA mostrou-se ainda como um instrumento importante pela defesa dos direitos das pessoas infectadas. Lembro-me de que o secretário executivo da Rede Nacional de Pessoas Vivendo com HIV e Sida na época, o ativista Júlio Mujojo, precisou ficar internado em um hospital particular de Maputo e, após alguns dias sem receber atendimento médico, me ligou. Segundo ele, a demora no atendimento se configurava como discriminação por parte dos médicos, que sabiam da sua sorologia positiva para o HIV.

Entrei em contato com a direção do hospital, me apresentei como jornalista e informei que publicaria uma notícia sobre aquela denúncia. Horas depois, Mujojo me ligou novamente pedindo para interromper a publicação, pois seu problema já tinha sido resolvido.

Além de divulgar informações e dar voz a muitas pessoas que até então raramente eram ouvidas no país, a criação da Agência SIDA em Moçambique também teve por objetivo a colaboração na formação de profissionais da comunicação.

Contratamos um jornalista recém-graduado, que passou dois meses em treinamento no Brasil, e quatro alunos de Jornalismo para serem estagiários, sendo três deles mulheres. Essa diferença na escolha do gênero foi proposital, buscando contribuir com o ingresso de mais mulheres no jornalismo moçambicano, já que a profissão ainda era exercida quase que totalmente por homens no país.

Todos os jornalistas da Agência SIDA participaram de palestras sobre conceitos básicos relacionados ao HIV e aids e receberam treinamento diário em técnicas de entrevista, apuração de informação e escrita jornalística.

Em acordo com a Universidade Eduardo Mondlane e a Escola de Jornalismo de Maputo, Roseli e eu coordenamos um ciclo de debates sobre comunicação e aids para centenas de alunos; e em parceria com a associação Lambda,[4] primeira organização social focada em trabalhos pela defesa das minorias sexuais em Moçambique, realizei oficinas sobre produção de notícias para dezenas de jovens homossexuais interessados em atuar na área da comunicação.

Aos poucos, a demanda por treinamentos passou a partir das próprias instituições moçambicanas, que viram na Agência SIDA uma grande aliada na luta pelos direitos humanos. "A agência veio para ajudar a preencher a falta de conhecimento profundo existente em nosso país sobre a epidemia de HIV", disse o coordenador do Movimento para o Acesso ao Tratamento em Moçambique (Matram),[5] César Mufanequiço.

Essa mesma percepção foi corroborada pelo jornalista Abílio Cossa, assessor de comunicação da organização Médicos Sem Fronteiras em 2010. "Através da Agência SIDA, somos informados diariamente sobre o trabalho levado a cabo pelos outros grupos em nível nacional e internacional. É um serviço que já era necessário há muito tempo em Moçambique, pois aborda as notícias de forma simples, com imparcialidade e profissionalismo", disse.

---

[4] Associação Lambda. Disponível em: <https://lambda.org.mz/>.
[5] MATRAM. Disponível em: <http://matram.org.mz/>.

Diogo Milagre, secretário executivo-adjunto do Conselho Nacional de Combate ao HIV/SIDA (CNCS) na época da criação da Agência SIDA, disse que o projeto surgiu para exercer "um papel fundamental em apoiar os *medias* (veículos de comunicação social) com a criação de debates francos sobre todos os problemas que envolvem o HIV".

Diretor do jornal moçambicano *Magazine Independente*, Salomão Moyana avaliou a criação da Agência SIDA como "muito útil" porque passou a divulgar assuntos acerca do HIV de forma consistente e assídua aos profissionais da comunicação. "A Agência pode se tornar uma instituição âncora sobre HIV no país e na região porque é uma experiência inovadora e extremamente importante na divulgação de informações sobre um dos maiores problemas da África: a aids."

Em março de 2010, Roseli e eu apresentamos em Lisboa, Portugal, alguns dos principais resultados obtidos pela Agência SIDA durante o III *Congresso* da Comunidade dos Países de Língua Portuguesa (CPLP) sobre HIV/Aids, e o projeto ganhou apreço até do diretor-geral do Unaids na época, Michel Sidibé, que disse se tratar "de um ótimo exemplo de como os países de língua portuguesa poderiam e deveriam trabalhar juntos contra a epidemia de aids".

Em visita ao Brasil em julho de 2009, o então presidente moçambicano Armando Emílio Guebuza disse que a Agência SIDA era um projeto que tinha tudo "para contribuir em muito para a mobilização na luta contra a epidemia do HIV" em seu país, mas lembrou que conhecer o ambiente social de Moçambique se fazia fundamental para que as mensagens da agência fossem bem entendidas.

Hora de partir

Apesar dos vários resultados positivos que vinham sendo apresentados pela Agência SIDA, percebi, no final de 2009, que meu tempo de Moçambique estava chegando ao fim. Foram três anos morando e trabalhando na capital Maputo, sendo que lá eu vivi alguns dos momentos mais felizes da minha vida. Ainda havia vários projetos em que eu poderia contribuir em Moçambique ou até mesmo em outros países africanos. Cogitei até me candidatar a uma vaga permanente na ONU, mas acabei tomando a difícil decisão de regressar ao Brasil e continuar trabalhando como jornalista.

Além de a economia brasileira estar em alta na época e o setor de comunicação, principalmente na área social, aquecido, pensei em longo prazo e considerei que, quanto mais tempo distante eu ficasse do mercado profissional brasileiro, mais difícil seria depois para retomar minha carreira. Hoje tenho dúvidas sobre essa premissa, pois quando se aproveita bem a experiência no exterior e mantém-se em contato de alguma forma com instituições brasileiras, o mercado tende a nos receber mesmo depois de muitos anos fora, mas acabei juntando uma série de fatores, incluindo questões pessoais e familiares, e retornei a São Paulo.

Pesou para isso também o fato de que eu começara a me sentir desgastado em Moçambique. Problemas comuns nas nações em desenvolvimento, como ser parado pela polícia frequentemente ou passar o dia inteiro na Imigração para renovar o visto de trabalho, passaram a me incomodar mais do que o normal. Na verdade, o meu "gás" estava acabando, o que se torna um grande empecilho para quem atua em projetos sociais.

Como ressaltei no capítulo anterior, a persistência e a paciência são tão fundamentais quanto o respeito para quem busca fazer a diferença em trabalhos humanitários. Ciente disso, conversei com a Roseli e demais lideranças envolvidas com a criação da Agência SIDA, organizei a equipe local de modo que pudesse continuar suas atividades sob a minha supervisão a distância enquanto encontrássemos outro profissional para coordenar *in loco* o projeto e voltei ao Brasil.

Esses foram os parâmetros que eu usei como base para identificar o momento certo de me mudar.

Segundo explica Patrícia, existe um tempo médio de permanência nos cargos da ONU por país, chamado em inglês de *tour of duty*, que é calculado conforme as condições de segurança e qualidade de vida para os estrangeiros. Entre as nações com menos infraestrutura e mais conflitos civis, como Síria, Iêmen e Somália, por exemplo, o tempo médio dos trabalhos não costuma passar de dois anos, enquanto que nas regiões mais seguras e com melhor infraestrutura, como a sede da ONU em Nova York ou até mesmo Brasília, é de aproximadamente quatro a cinco anos.

Períodos maiores não são indicados nos postos internacionais porque a tendência é que se comece a criar muitos vínculos afetivos com o país, o que não é bom para trabalhos sociais que buscam a neutralidade como os da ONU. "Quem deve permanecer são os profissionais nacionais. Os internacionais, como eu, precisam rodar. Se a gente fica muito tempo, amizades e interesses pessoais podem começar a influenciar em nosso trabalho, o que não pode ocorrer. Trabalhar para as Nações Unidas requer sempre ter leitura crítica e independente em relação ao cumprimento dos direitos humanos por parte dos países em que atuamos", afirma.

Com mais de 22 anos de Unicef, Patrícia observa junto aos seus colegas um rigor cada vez maior das agências da ONU para que seja cumprido o *tour of duty* dos países. "Quem ultrapassa o tempo máximo indicado e ainda não começou a aplicar para vagas em outros lugares, o sistema coloca naturalmente em rotação. Isso pode acabar diminuindo um pouco a autonomia que temos de planejar e escolher quais cargos e países mais desejamos concorrer por uma vaga", detalha.

Em Maputo, onde viveu por quatro anos e meio, Patrícia conta que também estava adaptada e feliz, mas se esforçou para mudar de país. "Apesar de gostar muito de Moçambique, eu não sou moçambicana, e minha ajuda ali era com um olhar de quem vê a situação de fora. Nosso trabalho precisa ser objetivo e imparcial, lembrando que atuar para a ONU é trabalhar com os governos, e não para os governos. Estar em constante mudança e diante de novos desafios faz parte da nossa missão", enfatiza a jornalista, que deixou Maputo em janeiro de 2009 rumo a Daca, capital de Bangladesh, onde trabalhou até junho de 2011.

Nem sempre tudo ocorre conforme o planejado

Para evitar equívocos em relação à cultura e aos meios de trabalho em Moçambique, assim como para buscar uma melhor aceitação da sociedade moçambicana, o projeto da Agência de Notícias de Resposta ao SIDA surgiu a partir de uma parceria entre a Agência Aids, do Brasil, e o ramal moçambicano do MISA (sigla em inglês para Media Institute of Southern Africa), uma organização que tem como objetivo promover e defender a liberdade de expressão e de imprensa, garantindo a livre circulação de informação na região da África Austral.

O MISA-Moçambique,[6] como é mais conhecido, já atuava com o Unicef em diferentes projetos e nos foi indicado como um possível representante legal da Agência SIDA. Há quase três anos vivendo na África, concordei rapidamente, pois sabia o quão importante era estarmos alinhados a uma entidade local. Roseli ficou um pouco receosa, mas sua vontade de colocar a agência moçambicana em prática era tão grande, que acabou aceitando também.

---

[6] MISA Moçambique. Disponível em: <http://www.misa.org.mz/>.

No acordo assinado entre a Agência Aids e o MISA, a entidade brasileira era a responsável por toda a coordenação técnica do projeto, que envolvia desde a linha editorial da Agência SIDA até a condução das atividades definidas previamente em comum acordo, enquanto que a instituição moçambicana daria o suporte logístico ao projeto, como concessão de espaço físico para a sede da agência, abertura de conta bancária para recebimento de fundos e contratação de funcionários. Os financiadores foram os escritórios do Unaids em Moçambique e no Brasil e o setor de Cooperação Internacional do então Departamento DST, Aids e Hepatites Virais do Ministério da Saúde brasileiro.

Durante todo o ano de 2009, período em que estive em Maputo para coordenar a implementação da Agência SIDA, a parceria entre a Agência Aids e o MISA caminhou bem. Nas poucas vezes em que as representações brasileira ou moçambicana no projeto demonstraram não estar em total acordo, consegui indicar um ponto de equilíbrio de aceitação mútua. A partir de 2010, porém, alguns problemas começaram a ganhar força.

O acordado seria de que, após a minha mudança de Maputo para São Paulo, a equipe moçambicana continuaria a conduzir o projeto com a supervisão a distância da Agência Aids, onde eu havia voltado a trabalhar, e por meio de visitas técnicas semestrais. No entanto, em poucos meses, a equipe moçambicana deixou de ser paga pelo MISA. A parceria de estágio para os jovens estudantes foi finalizada, e o projeto só não foi interrompido porque o jornalista principal contratado passou a ser pago pela agência brasileira. "Mesmo não tendo recursos previstos para essa finalidade, a gente não poderia deixar o projeto ser interrompido assim de maneira tão precoce", afirma Roseli.

Em março de 2010, ela viajou a Maputo e se reuniu com a direção do MISA. "Ficou claro que eles queriam assumir a gestão do conteúdo editorial do projeto. Tinham essa intenção desde que a Agência fora criada. De fato, era esse o processo previsto. Mas sem apoios financeiros locais, eu tenho a certeza de que, se eu tivesse transferido a gestão para eles naquele momento, a Agência SIDA teria chegado ao fim semanas depois", lembra a jornalista.

Roseli continuou buscando recursos brasileiros para financiar o projeto, e, em novembro de 2010, eu voltei a Moçambique para cobrir a viagem oficial do então presidente Luiz Inácio Lula da Silva ao país e aproveitei para me reunir novamente com os diretores[7] do MISA em Maputo.

Durante o encontro, eles alegaram que havia sido encerrado o repasse de dinheiro ao projeto e se mostraram mais uma vez interessados em assumir sozinhos a gestão total da agência. Tentei, no entanto, enfatizar que tal proposta não tinha sido acordada e que uma eventual saída abrupta da Agência Aids poderia representar o fim do projeto.

Desde a concepção da Agência SIDA, na verdade, nos preocupamos em como um projeto idealizado por brasileiros poderia, de fato, ser de Moçambique e para Moçambique. A escolha do nome, a linguagem das notícias, a criação do layout do site com cores da bandeira moçambicana, a busca de um parceiro local para apoiar no desenvolvimento do projeto, no caso o MISA, e principalmente a formação da equipe de jornalistas, composta por cinco moçambicanos e apenas um brasileiro, foram planejados em consonância com a cultura e os costumes locais.

Cada decisão estrutural era discutida entre os representantes brasileiros e moçambicanos no projeto, mas no início de 2011, o MISA se desligou oficialmente da Agência SIDA em e-mail enviado à Roseli e para mim. A sede da agência em Maputo, que ficava em um espaço cedido pelo MISA e construído pelo Unaids, deixou de ser utilizada pelo projeto.

Até o final de 2013, a página da Agência SIDA na internet continuou sendo atualizada pela equipe da Agência Aids no Brasil, que passou a pagar por reportagens produzidas por jornalistas moçambicanos *freelancer*. No início de 2014, no entanto, o portal da agência moçambicana foi tirado do ar, e nunca mais conseguimos contato com o Centro de Informática da Universidade

---

[7] Os nomes dos profissionais do MISA-Moçambique envolvidos na criação da Agência SIDA não foram citados porque não atuam mais nessa instituição e não foram entrevistados para a produção deste livro.

Eduardo Mondlane (Ciuem), o órgão responsável pelo registo e gestão de domínios de sites com final "co.mz", equivalente ao "com.br" no Brasil.

"Em nosso sonho, o ideal seria contar com uma agência em cada um dos países africanos de língua portuguesa. Não é impossível, mas admito: é bem mais difícil do que no Brasil. Há momentos em que os obstáculos políticos, culturais e econômicos parecem intransponíveis", avalia Roseli.

Ainda hoje me pergunto no que falhamos — e se falhamos — em relação à implementação da Agência de Notícias de Resposta ao SIDA em Moçambique. Teria sido o MISA a instituição ideal para apoiar localmente esse projeto? Eu deveria ter ficado por mais tempo vivendo em Maputo até que o projeto ganhasse independência?

Confesso não ter as respostas certas para essas perguntas, mas posso garantir que sempre busquei ter respeito, paciência e ser persistente nesse e outros projetos sociais em que estive envolvido em Moçambique. Se esses valores tivessem sido ignorados, a criação da agência em Maputo nunca teria deixado de ser apenas um sonho.

Acredito que o legado da Agência SIDA, ou pelo menos o impacto que esse projeto conseguiu obter na mídia moçambicana e especialmente nas dezenas de jovens que se tornaram jornalistas e tiveram suas formações diretamente influenciadas pela divulgação da verdade e em prol da defesa dos direitos humanos, ajudou a fazer a diferença em Moçambique.

E você?

Assim como acontece na vida pessoal, a nossa participação em projetos sociais é formada por ciclos, e é muito importante buscarmos reconhecer quando esses ciclos se encerram para darmos início a um novo e para que outras pessoas possam nos substituir. O maior sinal para mim foi quando passei a me sentir cansado para enfrentar os problemas cotidianos de Moçambique. Para Patrícia, o alerta vem dos próprios limites estabelecidos pela ONU ou quando sente que os vínculos afetivos locais podem acabar influenciado a imparcialidade do seu trabalho. Mas para você, o tempo pode ser diferentes.

Embora não existam regras sobre os prazos indicados para atuar em um projeto social, colegas que têm carreira internacional nessa área dizem que, geralmente, são seis meses de adaptação e um a dois anos para começar a perceber os impactos dos programas implementados. Se acrescentarmos pelo menos mais seis meses de aprimoramento das ações e transmissão de conhecimento, cujo ideal é ser feito durante o processo de implementação do projeto, chegamos a um prazo médio de dois a três anos. Exceção para trabalhos voluntários ou contratos temporários de consultorias.

O que você acha desse tempo? Pouco ou muito? Se fechar um ciclo de trabalho social em Moçambique se mostrou bastante difícil para mim, começar um novo no Brasil foi ainda mais desafiador. Contarei no próximo capítulo.

CAPÍTULO 12

Como se readaptar após viver uma experiência no exterior?

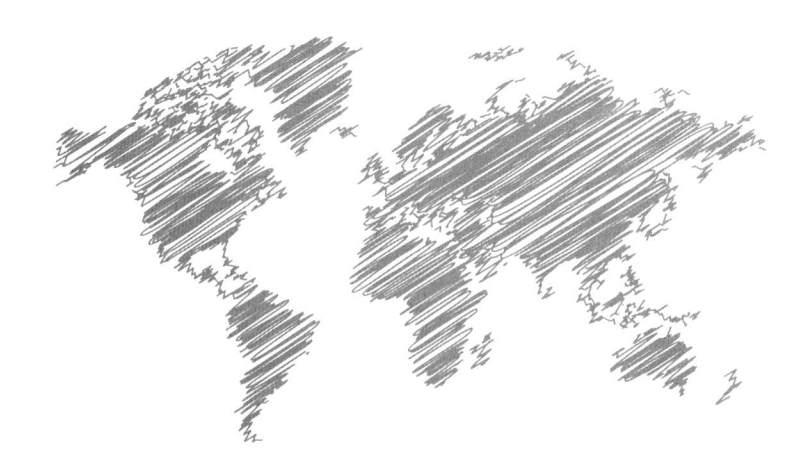

Recomeços quase nunca são fáceis. Regressar ao Brasil foi tão desafiador para mim quanto as chegadas nos outros quatro países em que vivi. Nos meus primeiros meses em São Paulo, senti um tipo de encantamento, no caso, reencantamento, por alguns lugares, pessoas e serviços oferecidos na minha cidade. É que, depois de quase três anos na África, conseguir em uma tarde resolver uma série de tarefas que por lá exigiriam muitos documentos ou simplesmente contratar um plano de celular foi surpreendente.

Aproveitei meu período de transição profissional para ficar mais próximo da família, rever amigos e curtir o Brasil. Viajei, fui a muitos jogos do

Palmeiras no estádio, visitei museus que há muito tempo queria conhecer e tirei alguns dias para caminhar pela cidade sem rumo certo.

Com o passar dos meses, porém, a alegria e o prazer de estar de volta ao meu país começaram a diminuir, e a saudade da África, a aumentar, especialmente do meu trabalho e da minha vida social em Moçambique. Se em São Paulo eu tinha novamente vários tipos de conforto aos quais passei a dar mais valor quando deixei de tê-los, em Maputo eu me sentia mais leve e importante.

Nos três anos em que morei na capital moçambicana, nunca tive carro. Fazia tudo a pé, de táxi e, apenas quando muito necessário, alugava um veículo para viajar. Moçambique me possibilitava também ter encontros frequentes com amigos e contatos profissionais. Por ter sido um dos poucos jornalistas brasileiros e atuantes no país durante o período em que lá vivi, eu recebia sempre convites para eventos da Embaixada brasileira ou para encontros com personalidades e outros jornalistas que passavam por Maputo.

Em meados de 2009, enquanto eu esperava os últimos detalhes para a inauguração da Agência SIDA em Maputo, uma colega me ligou para me apresentar a jornalista niteroiense Natalia Da Luz, que estava na região fazendo reportagens para o G1, o portal de notícias do Grupo Globo. Saímos para conversar na mesma noite, nos demos muito bem, e no dia seguinte já estávamos viajando juntos a trabalho para Essuatíni, antiga Suazilândia, o menor país do hemisfério sul.

Divisa com Moçambique e África do Sul, a "Terra dos Suazis" tem uma população estimava em 1,2 milhão de habitantes e a maior prevalência para o HIV do mundo: 27% da população adulta estava infectada em 2019.[1] Para tentar frear a transmissão do vírus no país, o então primeiro-ministro do Parlamento Suazi Timothy Myeni propôs em 2009 um projeto de lei absurdo

---

[1] UNAIDS. Eswatini, 2018. Disponível em: <https://www.unaids.org/en/regionscountries/countries/swaziland>.

que previa tatuar todas as pessoas vivendo com HIV. As mulheres, na nádega, e os homens, no peito.

Essa ideia maluca tinha como propósito deixar evidente quem tinha ou não o vírus, para que a população tivesse conhecimento de quem estava infectado antes de se relacionarem sexualmente. Apesar de não aprovada, felizmente, essa proposta discriminatória acabou prejudicando muito o trabalho das organizações humanitárias e das autoridades sanitárias do país, que perceberam uma enorme evasão de pacientes dos centros de saúde com medo de receberam o teste positivo para o HIV e serem tatuados forçadamente.[2]

"Essa lei não respeita os direitos humanos. Quando tomamos conhecimento dessa ideia, ficamos assustados e sem entender como agir", nos disse na época a diretora nacional da ONG anti-HIV Swanneha, Thembi Nkambule.

Além dessa vez a trabalho, estive em Essuatíni em diversos outros momentos a passeio, e a imagem que ainda tenho da sua capital, Mbabane, é a de uma cidade bastante organizada e limpa. Assemelhava-se a algumas pequenas cidades do interior da África do Sul.

As principais peculiaridades do país, no entanto, são a poligamia e seu governo monárquico. O rei Mswati III, registrado ao nascer como Makhosetive, está no trono desde 1986 e escolhe periodicamente uma nova esposa para integrar sua família. As escolhas são feitas em um evento público tradicional no país chamado de *Umhlanga Annual Reed Dance*, que atrai centenas de mulheres virgens com seios à mostra, que se exibem e dançam para o rei. Em 2021, Mswati III já havia tido quinze esposas, contando com duas que morreram e três que o abandonaram.

É muita informação interessante para um jornalista, não é? Em São Paulo, apesar de ter conseguido produzir boas reportagens depois do meu retorno, minhas pautas eram bem menos atraentes e impactantes.

---

[2] DA LUZ, Natalia. País com menor expectativa de vida, Suazilândia encara o vírus da Aids. G1, 2009. Disponível em: <http://g1.globo.com/Noticias/Mundo/0,,MUL1301648-5602,00-PAIS+COM+MENOR+EXPECTATIVA+DE+VIDA+SUAZILANDIA+ENCARA+O+VIRUS+DA+AIDS.html>.

Além disso, o grande congestionamento de automóveis, a maior distância entre os lugares e, principalmente, a dificuldade de me aproximar das pessoas mais influentes depois de aproximadamente cinco anos fora acabaram me levando para a monótona rotina a que eu estava acostumado antes de sair do Brasil: casa-trabalho-casa.

Laços que não se rompem

Em fevereiro de 2010, semanas após o meu regresso ao Brasil, recebi um convite para integrar a equipe de comunicação do então Departamento de DST/Aids do Ministério da Saúde, em Brasília, e talvez fosse a melhor escolha a ser feita naquele momento para eu voltar a me sentir desafiado profissionalmente. No entanto, para me manter conectado de alguma forma com os projetos sociais na África, acabei decidindo voltar a trabalhar na Agência de Notícias da Aids.

Promovido ao cargo de coordenador das agências no Brasil e em Moçambique, passei a manter contato diariamente com o jornalista moçambicano que tocava a Agência SIDA, em Maputo, e a apoiar a Roseli Tardelli com o plano de expansão desse projeto para outros países de língua portuguesa na África.

Estivemos bem perto de começar uma parceria para a criação de uma nova agência em Angola e, posteriormente, em Guiné-Bissau, entretanto, como o projeto em Moçambique ainda não tinha decolado e Roseli e eu, por questões pessoais e outras iniciativas profissionais, não estávamos muito dispostos a mudar para aqueles países naquele momento, acabamos nos distanciando "um pouco" do continente africano.

Coloco entre aspas as palavras "um pouco" porque acredito que nunca conseguirei me desligar totalmente da África do Sul e, principalmente, de Moçambique — país que, mesmo com todos os problemas relatados nas págïnas anteriores, me acolheu tão bem. Lembro-me de que após um ano vivendo em São Paulo, participei de uma sessão especial de constelação sistêmica, também conhecida como constelação familiar.

Criada pelo alemão Bert Hellinger nos anos 1970, essa técnica de psicoterapia busca organizar em nosso consciente e inconsciente aspectos emocionais relacionados à hierarquia (quem *chega* depois respeita quem chegou antes), ao pertencimento (estabelecido pelo vínculo a determinados lugares) e ao equilíbrio (estabelecido pelo dar e receber); e durante a dinâmica, em que fui analisado por duas especialistas, ficou bastante claro o quão mentalmente eu ainda me mantinha mais próximo da África, profissionalmente, do que do Brasil.

Por coincidência, descobri que os estudos que deram origem à constelação sistêmica foram realizados com os povos zulus, que vivem na região sul da África. Ou seja, em países como África do Sul, Moçambique, Lesoto, Essuatíni e Zimbábue.

Diante dos sinais que observei dessa, até então, despretensiosa sessão de psicoterapia, acabei tendo a certeza de que ter voltado para São Paulo e continuado a fazer, na maior parte do meu tempo, as mesmas tarefas que eu fazia antes de morar no exterior já não me motivava mais.

Quase todos os projetos em que eu me envolvia pela Agência Aids não me pareciam tão desafiadores como aqueles que eu vivera meses antes trabalhando para as Nações Unidas na África. Com a desestruturação da agência em Moçambique, meus dias de trabalho passaram a se tornar cada vez menos estimulantes.

Hoje, acredito que esse difícil momento da minha vida fora provocado também pelo que a ciência chama de **ferida do retorno** ou síndrome do regresso. "É uma fratura psicológica provocada em muitas pessoas que passam anos em um país e se mudam para outro", explica a psicóloga Andrea Sebben, membro da Associação Internacional de Psicologia Intercultural (IACCP, na sigla em inglês). "Além de confusão, a ferida do retorno costuma causar sensação de não pertencimento, desamparo e abandono", acrescenta a especialista.

Nascida em Porto Alegre em 1969, Andrea mudou-se para Madrid aos 18 anos para trabalhar como *au pair* — um programa de intercâmbio em que o estrangeiro geralmente ajuda a cuidar das crianças de uma família em troca de hospedagem, alimentação e um pequeno salário.

Diferentemente de muitas das suas colegas, no entanto, ela me contou que também sofreu muito para se adaptar ao novo país. "Meus primeiros meses na Espanha foram bem traumáticos, e passei a me perguntar por que a Psicologia não estudava essa enorme diferença nos processos de adaptação cultural de uma pessoa para outra", diz.

Com um ano e meio de graduação em Psicologia já cursado no Brasil, Andrea pediu transferência para uma universidade espanhola e se manteve interessada no tema. Ela se lembra de que passou a procurar referências bibliográficas a respeito e chegou a participar de trabalhos sociais com a Agência da ONU para Refugiados (ACNUR) em Madrid até que descobriu a Psicologia Intercultural.

Essa área da psicologia ganhou força após a Segunda Guerra Mundial e, entre vários outros temas, estuda justamente a adaptação a novas culturas, aos comportamentos dos povos, ao "ser estrangeiro" e aos processos que envolvem o voltar para o país de origem depois de longas estadias fora. "Conheci pessoalmente na Espanha alguns dos precursores da Psicologia Intercultural e acabei me encantando tanto por esse tema, que me especializei e continuo até hoje trabalhando com isso", conta Andrea.

Professora, escritora e colaboradora da Organização das Nações Unidas para a Educação, a Ciência e a Cultura (Unesco) no Brasil, ela criou uma empresa que oferece treinamento intercultural para executivos, intercambistas, jogadores de futebol e vários outros profissionais que buscam se planejar para os desafios que encontrarão no exterior.³ "Assim como atualizar o passaporte e arrumar as malas, preparar-se emocionalmente e cognitivamente também deveria ser fundamental para quem se muda para o exterior", defende.

Contratada com frequência por grandes empresas e empresários, a psicóloga me explicou que as mudanças internacionais, sejam elas de regresso ao Brasil ou com destino para qualquer outro país, podem "ferir" porque nos provocam uma "perda da cumplicidade" com o local em que estávamos vivendo: "Ao voltar ao Brasil, você provavelmente sentiu que o seu país não era mais o mesmo porque você já não era mais o mesmo. A sua forma de ver o mundo mudou, e você passou a perceber que muitas coisas não se encaixavam mais."

Além de Brasil e Espanha, Andrea já viveu por períodos distintos na Bélgica, na Itália, nos Estados Unidos e no Canadá, e observa que o regresso ao país em que nascemos e crescemos tende a ser mais desafiador porque perdemos um tipo de "inocência" que tínhamos antes de nos adaptarmos à vida no exterior. "Você olha para o Brasil e vê que o seu país poderia ser diferente, mas ao constatar que não é, e que muitos problemas continuam iguais, o desconforto parece ser maior", descreve. "Uma coisa é sentir-se estrangeiro sendo realmente estrangeiro, mas outra é sentir-se estrangeiro no seu próprio país, o que é bem pior", compara.

A conversa que tive com a Andrea, mesmo que quase dez anos depois do meu regresso ao Brasil, evidenciou o impacto que a África continua tendo na minha vida, e talvez seja esse também o motivo por eu ter conseguido contar, em detalhes, neste livro algumas situações ocorridas há tanto tempo.

"Uma característica frequente na ferida do retorno, e que eu considero bastante bonita, refere-se aos dias das mudanças. Geralmente, a gente se recorda exatamente da data e de como estava o dia em que chegamos no outro país, mas dificilmente nos lembramos de como foi o regresso ao Brasil, pois,

---

[3] SEBBEN, Andrea. Pscicologia Intercultural. Disponível em: <https://www.andreasebben.com/>.

na verdade, a gente nunca regressa. Moçambique jamais sairá de dentro de você", me disse a especialista.

Andrea não é muito adepta às dicas sobre como agir, pois explica que cada pessoa pode se adaptar de forma diferente, e preferiu deixar apenas uma sugestão para quem está se preparando para mudar de país ou regressa ao Brasil: fazer treinamento cultural.

"Pode até parecer que estou puxando a sardinha para o meu lado, e estou mesmo, mas tenho certeza que, se você, eu e muitas outras pessoas tivéssemos passado por esse tipo de treinamento antes de viajarmos para o exterior ou retornarmos ao Brasil, o sofrimento teria sido bem menor ou talvez nem tivesse ocorrido", afirma.

Como este livro tem por propósito ser um guia prático, selecionei dez atividades que ajudaram a mim e outras pessoas no processo de readaptação ao Brasil após anos fora, e as apresento a seguir, lembrando que, para você, as estratégias podem ser diferentes:

1. Comece a se preparar mentalmente para a mudança algumas semanas antes da data da viagem e realize algum evento para se despedir dos amigos.
2. Ao voltar ao Brasil, procure ter paciência e pense que está vivendo uma nova experiência, e não retornando ao passado. Sentir-se estranho nos primeiros meses é natural. Permita-se se sentir assim.
3. Olhe o Brasil com novos olhos, com curiosidade. Procure explorar lugares como se fosse realmente um turista.
4. Estabeleça um novo estilo de vida, diferente daquele que você tinha antes de sair do Brasil. Se puder, mantenha práticas que te faziam bem no país em que você estava morando.
5. Lembre-se daquilo de que você sentia saudades do Brasil quando estava fora e procure aproveitá-los bastante agora.

6. Aproxime-se mais da família e estabeleça novos vínculos sociais. Essa é uma ótima oportunidade para resgatar amizades antigas, até mesmo com pessoas que você já não tinha tanto contato antes de viajar.
7. Se quiser e for possível, procure uma nova cidade para morar. De preferência, um lugar em que você tenha melhores condições de colocar em prática o aprendizado adquirido no exterior.
8. Proponha-se a ter um novo desafio profissional. Preferencialmente, algo que esteja dentro do seu propósito de vida.
9. Continue viajando e explorando seu próprio país.
10. Lembre-se sempre de que o país que ficou para trás continuará sendo o seu país também e que nada o(a) impede de voltar para lá como visitante ou mesmo para um novo projeto profissional.

E você?

Entre as sugestões citadas anteriormente, a que considero mais efetiva, mas provavelmente também a mais difícil de ser alcançada, é a 8ª (passar por um novo e estimulante desafio profissional no Brasil). Demorei vários meses para me adaptar à vida em São Paulo e alguns anos para conseguir me sentir novamente realizado profissionalmente. Eu conto no próximo capítulo como foi isso.

CAPÍTULO 13
Aproveitando os aprendizados adquiridos

Ao me mudar de Maputo para São Paulo, voltei a trabalhar para a Agência de Notícias da Aids, em 2010, visando a expansão dessa iniciativa para outros países de língua portuguesa, como contei no capítulo anterior. Quando esse objetivo, no enta   nto, passou a ficar muito distante, principalmente porque eu havia estabelecido como meta retomar minha carreira como profissional da comunicação no Brasil, comecei a me sentir estagnado e fui em busca de outros desafios.

Primeiro veio a ideia de fazer uma pós-graduação. Inscrevi-me como aluno ouvinte na Escola de Comunicação e Artes da Universidade de São Paulo (ECA-USP) em 2012, conversei com alguns professores orientadores e, no ano seguinte, fui aprovado no mestrado da Faculdade de Saúde Pública, também da USP.

Apesar de bastante motivado por retomar os estudos de forma institucionalizada depois de dez anos, continuei sentindo que ainda faltava algo e passei a procurar por um novo desafio profissional. Atualizei meu currículo, enviei para alguns conhecidos e me cadastrei em sites de empregos, até que, em fevereiro de 2014, recebi e aceitei uma proposta da Cross Content[1] — produtora de conteúdo especializada em temas sociais.

Responsável pelo atendimento do Hospital Sírio-Libanês nessa empresa, produzia reportagens, vídeos e infográficos sobre diferentes temas de saúde e ajudava o hospital na apresentação de debates online sobre saúde pública. Sentia-me particularmente mais satisfeito quando criava conteúdos sobre o Instituto de Responsabilidade Social Sírio-Libanês (IRSSL),[2] uma organização social ligada ao Hospital e que, entre outras ações, administra unidades de saúde da rede pública.

Trabalhei por quase seis anos nessa produtora, sendo quatro deles diretamente para o Sírio-Libanês. Os demais foram atendendo o Instituto Israelita de Ensino e Pesquisa Albert Einstein (IIEP),[3] os hospitais e maternidades do Grupo Santa Joana[4] e alguns projetos menores para o Fundo das Nações Unidas para a Infância (Unicef), ONU Mulheres e Fundação Bernard van Leer,[5] que também me traziam motivação especial.

Em setembro de 2019, desliguei-me da Cross Content e passei a trabalhar como autônomo. Foi assim que consegui colocar em prática outro sonho antigo: conhecer a Amazônia. Por dois meses, coordenei a pré-produção de uma série de reportagens especiais do jornal britânico *The Daily Telegraph*

---

[1] Cross Content. Disponível em: <www.crosscontent.com.br>.
[2] Instituto de Responsabilidade Social Sírio-Libanês. Disponível em: <http://www.irssl.org.br/>.
[3] Albert Einstein Instituto Israelita de Ensino e Pesquisa. Disponível em: <https://ensino.einstein.br/>.
[4] Santa Joana Hospital e Maternidade. Disponível em: <https://www.santajoana.com.br/>.
[5] Bernard Van Leer Foundation. Disponível em: <https://bernardvanleer.org/pt-br/>.

sobre a sustentabilidade da selva amazônica e, durante uma semana, acompanhei a equipe estrangeira enviada por esse jornal em viagens pelos estados do Amazonas e Pará.

Navegamos por horas pelos afluentes do rio Solimões para entrevistar parteiras tradicionais e lideranças indígenas que habitam comunidades próximas à cidade de Tefé, bem no meio do estado do Amazonas, e percorremos centenas de quilômetros da esburacada Rodovia Transamazônica para conversar com madeireiros ilegais da cidade paraense de Placas.

Em fevereiro de 2020, passei a gerenciar a área de comunicação da Sociedade Brasileira de Oncologia Clínica (SBOC),[6] entidade médica do terceiro setor que, além de representar e defender os interesses dos oncologistas clínicos no país, tem pautado no Congresso Nacional várias discussões e propostas que visam melhorar a prevenção e o tratamento do câncer na rede pública de saúde.

Com o advento da pandemia da covid-19, a SBOC foi umas das principais entidades do país a estudar o impacto do vírus SARS-CoV-2 nas pessoas com câncer e a promover o resgate, de forma segura, de pacientes que deixaram de fazer exames e tratamentos oncológicos durante o período de distanciamento social.

Quando analiso cada um desses trabalhos em que estive envolvido no Brasil na última década, percebo o quão importante foi a experiência que tive no exterior. Do aprendizado da língua inglesa nos Estados Unidos e no Canadá, passando pelo período em que fui editor na África do Sul até chegar ao cargo de correspondente e diretor em Moçambique. Todos eles somaram pontos importantes no meu currículo.

Ter como experiência três anos de trabalho como consultor das Nações Unidas na África continua até hoje sendo um dos meus grandes diferenciais como profissional. Ajudou-me a abrir portas ao voltar ao Brasil e ao entrar

---

[6] Sociedade Brasileira de Oncologia Clínica. Disponível em: <https://sboc.org.br/>.

no mestrado, e tem sido muito importante em cada novo trabalho a que me candidato.

Essa é mais uma sugestão que eu gostaria de lhe fazer: busque dar o máximo de valor possível à sua experiência com projetos sociais. O que ela trouxe de enriquecedor? Como você pode aproveitar em sua carreira o que aprendeu nesses projetos? Se trabalhou fora do Brasil ou se você está se preparando para fazer isso em breve, o que conseguiu realizar ou poderá realizar lá fora que dificilmente teria a oportunidade de fazer aqui?

Trace um plano e não desista

Para a bacharela em Administração de Empresas Luisa Gerbase de Lima, a recolocação profissional no Brasil, após passar um ano atuando para diferentes projetos sociais na Índia e na Turquia, foi um pouco mais difícil. "Eu voltei e logo comecei a procurar empregos no terceiro setor. Era isso o que eu queria. Selecionei as organizações que mais me atraíam e passei a ligar e mandar e-mails, mas não tive tanto êxito", lembra. "Hoje observo que, em todas as áreas, ter bons contatos é importante, mas na social, isso parece que pesa ainda mais, além de ter experiência e conhecimento técnico, é claro", avalia.

Sem conseguir emprego no setor profissional que colocava como prioridade, Luisa mudou de planos e passou a atuar como guia ambiental em uma agência de viagens. Ficou na função por quase dois anos, mas não desistiu do trabalho social. Em 2009, foi selecionada para uma vaga na agência global de comunicação Edelman Brasil. Iniciou como analista e se tornou gerente de Comunicação Institucional, sendo responsável, entre outras funções, pela implementação da Política de Cidadania Corporativa da empresa em São Paulo e no Rio de Janeiro, onde conduzia projetos e parcerias nas áreas de meio ambiente, governança, ética, voluntariado e doações.

Luisa trabalhou para a Edelman Brasil até 2018, e em 2019, ingressou no Instituto para o Desenvolvimento do Investimento Social (IDIS) em São Paulo, onde atualmente é gerente de Comunicação. Pós-graduada em Ciências Sociais, ela também reconhece a grande importância que os projetos sociais no exterior trouxeram para sua carreira, mas lembra que, quando são feitos em um país onde não dominamos a língua local, eles tendem a ser muito mais válidos para enriquecimento pessoal do que profissional.

"Trabalhar no exterior é sempre positivo, mas se vamos para um país em que não compreendemos bem o idioma, a gente acaba se limitando a fazer um monte de coisas fora da nossa área, e isso não ajuda tanto a evoluirmos tecnicamente", avalia. Na Índia, Luisa trabalhou para a ONG Centre for Education and Voluntary Action (CEVA), que tem como foco a área da educação; e na Turquia, para a cooperativa feminina KADEV e para a associação de apoio à agricultura orgânica Bugday.

Se você está se preparando para regressar ao Brasil após um período atuando com projetos sociais no exterior ou se já regressou e pretende continuar trabalhando nessa área, Luisa sugere uma estratégia diferente daquela que ela adotou há mais de dez anos.

"Eu aproveitaria as redes sociais para conhecer mais a fundo diversas organizações, selecionaria algumas e pediria para fazer uma visita presencial. Durante essas visitas, eu proporia algum projeto em parceria. Algo que você pudesse liderar e encontrar recursos para implementá-lo", explica. "Isso tende a ser muito mais efetivo do que simplesmente mandar currículo. Nos projetos sociais, em especial, olhar nos olhos e demonstrar atitude de execução valem muito", avalia.

A gerente de comunicação do IDIS observa um crescimento de oportunidades de trabalho com impacto social nas *startups* — empresas em fase inicial que se mostram escaláveis a partir de um modelo de negócio que se baseia na inovação. "Buscar parcerias em iniciativas que já estão andando tende a ser bem mais efetivo do que tentar criar uma instituição do zero", comenta.

Sócios-fundadores do Instituto de Desenvolvimento de Excelência Pessoal e Empresarial (Indepe),[7] Ricardo Buonanni e Ilíada de Castro atuam há mais de 25 anos na formação de indivíduos que desejam ser melhores líderes e empreendedores. Ou seja, de pessoas que buscam ser a causa, e não o efeito das constantes mudanças que ocorrem no mercado de trabalho, nas profissões e nas comunidades.

Segundo eles, assim como os demais projetos, os da área social são feitos de começo, meio e fim, e quem embarca nesse desafio, seja no Brasil ou no exterior, precisa estar ciente de que terá que se planejar para aproveitar o aprendizado adquirido e partir para outra iniciativa depois de alguns meses ou anos.

Entre os treinamentos oferecidos pelo Indepe está o *workshop* "Transformando sonhos em realidade", que tem como base a Jornada do Herói, uma das estruturas de contar histórias mais utilizada no mundo. Detalhada no livro O *herói de mil faces*,[8] do antropólogo norte-americano Joseph Campbell, falecido em 1987, essa estrutura demostra os vários desafios pelos quais os protagonistas passam até se tornarem heróis.

Tal conceito se divide em três fases principais que podem facilmente ser comparadas aos processos que, geralmente, levam as pessoas a começar e terminar um projeto na área social:

1. **Partida ou separação**. Quando o personagem, que poderia ser você ou eu, vivendo uma vida comum recebe um chamado à aventura, mas inicialmente o recusa por insegurança ou obrigações que o mantém preso ao seu cotidiano, até que encontra um mentor (ou ajuda sobrenatural) e aceita a missão, dando início a sua primeira travessia, deixando para trás seu estilo de vida habitual.

---

[7] Instituto de Desenvolvimento de Excelência Pessoal e Empresarial. Disponível em: < https://www.indepe.net/ >.
[8] CAMPBELL, Joseph. O *herói de mil faces*. 10. ed. São Paulo: Cultrix/Pensamento, 2005.

2. **Iniciação ou descida**. Refere-se a uma série de testes e provações pelas quais o personagem passa para se transformar, seguida de vitórias e experiências que o ajudarão no futuro. Durante esse período, ocorrem as maiores tentações para desistir e questionamentos sobre os propósitos que o fizeram aceitar, mas também o êxtase pelas conquistas alcançadas.

3. **Retorno.** Representa o cumprimento do objetivo final da missão. Depois de passar por essa jornada, o herói encontra resistência para retornar ao seu mundo, mas recebe algum tipo de apoio ou incentivo e volta. Durante o retorno, é colocada em xeque sua capacidade de reter a sabedoria adquirida e utilizá-la ou ignorá-la. Quando o personagem desperdiça o que acabara de aprender, ele se torna simbolicamente "velho e cego", mas, se aproveita, encontra o equilíbrio entre os dois mundos, geralmente representado pelo mundo material e espiritual, e passa a ter grande liberdade para viver. Mais preparado e experiente, o herói está pronto para o chamado de uma nova aventura.

Luisa, eu e a maioria das pessoas que se mudaram ou continuam mudando de cidade ou país para trabalhar com projetos de impacto social também vivemos essa jornada de um herói, e o grande desafio que eu gostaria de enfatizar neste capítulo é a **travessia do limiar de retorno**. Não é incomum que pessoas invistam para ter uma experiência social, mas depois não saibam como utilizá-la profissionalmente.

"O ideal é que, enquanto ainda estamos em um determinado trabalho, que a gente já comece a pensar em como poderia ser o próximo", comenta Ilíada de Castro, do Indepe. "Quem se programa para passar semanas, meses ou anos em um projeto social no exterior já pode, antes de partir ou, pelo menos, enquanto ainda estiver lá, pensar em estratégias que possam lhe abrir as portas profissionalmente quando voltar", exemplifica.

Possibilidades de trabalho

Entre as várias possibilidades profissionais para quem regressa ao Brasil depois de uma experiência com projetos sociais no exterior estão: procurar empregos em iniciativas correlatas; transmitir o conhecimento adquirido por meio de cursos, palestras ou em instituições de ensino; começar seus próprios projetos ou consultorias na área social; ou até mesmo repensar se a profissão que exercia antes da viagem ainda faz sentido.

O fundador da agência Exchange do Bem, Eduardo Mariano, conta que vários dos seus clientes, quando retornam de trabalhos sociais voluntários no exterior, acabam buscando alguma instituição para continuar atuando de forma voluntária, e alguns deles mudam completamente de atuação profissional, como foi o seu caso. "Larguei uma empresa multinacional do setor de tecnologia e informática para fundar uma agência de intercâmbio social", comenta.

A jornalista Natalia Da Luz, que me acompanhou na viagem para Essuatíni contada no capítulo anterior, após fazer uma série de reportagens especiais pelo continente africano, lançou, em 2013, o projeto Por dentro da África[9] — um site dedicado a divulgação de informações "com a África e não sobre a África", como ela costuma ressaltar. "É que falar 'sobre' dá muito a ideia de quem está de fora, apenas observando, enquanto com 'com' a gente parte do pressuposto de que é de forma conjunta, cooperativa.", explica.

E é justamente isso que o portal faz: reúne notícias, entrevistas, poesias, crônicas, fotos, vídeos, podcasts, pesquisas, dissertações e teses, cuja maioria dos autores é africana. Natalia coordena o projeto e também produz muito conteúdo, mas busca sempre dar destaque para as informações produzidas e vividas pelos habitantes daquele que é o continente com uma das maiores diversidades étnicas e linguísticas do planeta.

---

[9] Por Dentro da África. Disponível em: <www.pordentrodaafrica.com>.

Outro objetivo do Por dentro da África é divulgar grandes descobertas e tecnologias desenvolvidas na região. O portal costuma publicar histórias como a do geógrafo Afate Gniko, que, a partir de alguns itens recuperados de um lixão de Lomé, capital do Togo, construiu uma das primeiras impressoras 3D feita com objetos reciclados; ou a construção do maior radiotelescópio do mundo no deserto de Karoo, na África do Sul. Esse projeto, conhecido por Square Kilometre Array (SKA), é gerenciado por pesquisadores da Universidade da Cidade do Cabo, mas recebe suporte de cientistas de Moçambique, Burkina Faso, Madagascar e de vários outros países africanos.

Apesar de ainda não ser economicamente autossustentável, o que exige de Natalia destinar parte dos ganhos de outros trabalhos que ela faz como jornalista para o Por dentro da África, o site tem se tornado referência em divulgação de informações africanas no Brasil e possibilitado a ela visibilidade internacional.

No mesmo ano em que deu início ao projeto, a niteroiense estava entre os doze jornalistas de todo o mundo selecionados pela Fundação Thomson Reuters[10] para participar de um treinamento sobre jornalismo e governança em Londres. Em 2015, ela foi a única não africana a receber em Gana o prêmio de imprensa *Africa Peace Prize-Media Achievement*, concedido pelo Centro Africano para Construção da Paz, por conta do seu site.

A criação desse projeto e as experiências na África parecem ter contribuído para que Natalia conseguisse uma oportunidade profissional no Centro de Informação das Nações Unidas para o Brasil,[11] o UNIC Rio, que fica no Rio de Janeiro e onde trabalhou de 2014 a 2019; e para ser convidada pelo Fundo de População das Nações Unidas (FNUAP), em 2019, para um trabalho de comunicação emergencial em Moçambique contra as sequelas provocadas pelos ciclones Idai e Keneth, que causaram a morte de mais de novecentas pessoas; e em 2020, para atuar como especialista de Comunicação na Organização

---

[10] Thomson Reuters Foundation. Disponível em: <https://www.trust.org/>.
[11] UNIC Rio de Janeiro. Disponível em: <https://unicrio.org.br/>.

das Nações Unidas para Alimentação e a Agricultura (FAO) na Eritreia, no nordeste da África.

"Conseguir apoio financeiro para ampliar o Por dentro da África não é algo simples. Não é um projeto de turismo, viagens... É uma iniciativa que conta e compartilha histórias sobre cultura, política e direitos humanos na África", explica a doutoranda em Estudos Africanos pelo Instituto Universitário de Lisboa (ISCTE-IUL), em Portugal. "Eu me sinto realizada e feliz por manter ativa essa troca que enriquece a minha vida e a vida daqueles que acompanham e fazem parte do projeto. Sou muito grata ao aprendizado diário, à parceria com os colaboradores e leitores," completa a jornalista.

Curva S de crescimento

Outro fundamento importante para quem busca construir carreira na área social é adaptar-se às situações novas que vão surgindo. Em vários treinamentos do Indepe, Ricardo e Ilíada utilizam como explicação desse processo de adaptação — que não é exclusivo dos projetos sociais, mas observado também na vida das pessoas, das organizações, das comunidades e até dos países — um modelo conhecido por **curva S de crescimento ou transformação.**

Apresentado pelos pesquisadores norte-americanos George Land e Beth Jarman no livro *Ponto de ruptura e transformação*,[12] esse modelo demonstra que as mudanças acontecem ao longo do tempo seguindo uma espécie de sequência de acontecimentos que têm três fases principais e que, juntas, parecem a letra S deitada:

---

[12] LAND, G.; JARMAN, B. *Ponto de ruptura e transformação*. São Paulo: Cultrix, 1992.

CURVAS

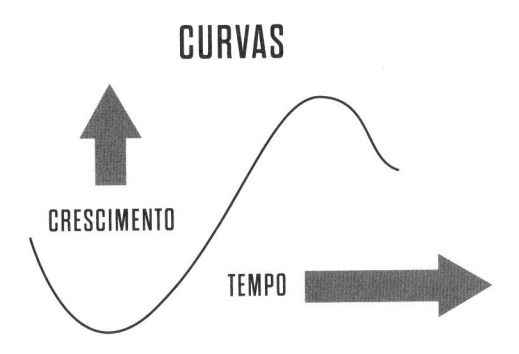

A fase 1 são os momentos de aprendizado, exploração e invenção. Ela é repleta de incertezas sobre qual caminho seguir, como fazer para que nossos desejos profissionais e pessoais aconteçam e que rumo tomar. É o período de se preparar, arriscar e acreditar que é possível, embora vários tropeços estejam mais propícios a ocorrerem. Por isso, ela representa a primeira curva do S deitado. Ou seja, há um pequeno declínio para começar a subir.

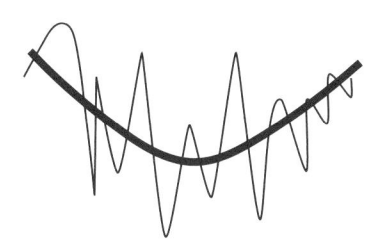

A fase 2 é quando começamos a perceber de maneira mais efetiva os progressos e avanços. A partir da experiência adquirida, passamos a ter mais certeza na tomada de decisões. Geralmente, temos obrigações, compromissos familiares e com a continuidade dos projetos iniciados, mas é o momento de maior aperfeiçoamento e ascensão profissional. Quando os problemas surgem, sabemos como resolvê-los. Ela é representada pelo final da primeira curva e início da grande reta do S.

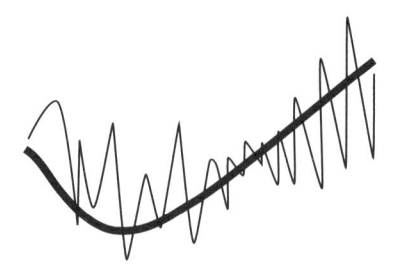

A fase 3 é a mais difícil. Refere-se ao momento da nossa vida pessoal e profissional em que precisamos dar continuidade ao que fazemos e, ao mesmo tempo, dar conta de nossos compromissos econômicos e familiares, mas percebemos sinais de que não será possível prosseguir do mesmo jeito por muito tempo.

As incertezas voltam a crescer, medos surgem, e a vontade de voltar ao passado glorioso aumenta. Durante essa fase, muitos se acomodam e acham que, se investirem cada vez mais no mesmo trabalho, conseguirão passar pelo momento difícil, mas é diante desse conformismo que costuma surgir a decadência. Pessoas abreviam a vida e empresas e organizações sociais fecham. É a curva descendente da letra S deitada.

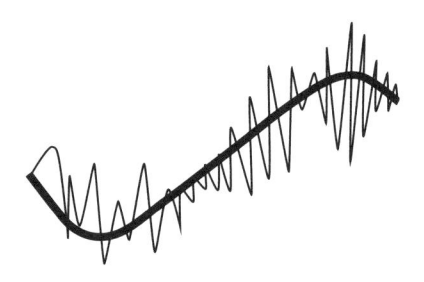

Para esse período, porém, George Land e Beth Jarman apresentam o ponto de ruptura e transformação. Ou seja, quando aparecerem os primeiros sinais de que o futuro trará mudanças, no caso dos trabalhos de impacto social em que o projeto está acabando ou em que uma determinada causa já não é mais tão relevante para se conseguir suporte financeiro, por exemplo, chegou o momento de transformar a fase 3 em uma **nova fase 1**.

Isso significa que temos que questionar nossas certezas e nos capacitar para nos reinventarmos profissionalmente, buscando alternativas e novas soluções de trabalho. Nem sempre a curva de crescimento profissional nesta fase será tão ascendente como na fase 2, mas com planejamento e humildade, ela tende a ser para cima, transformando o desenho da curva S deitado em algo parecido com uma escada, conforme a curva tracejada na figura a seguir.

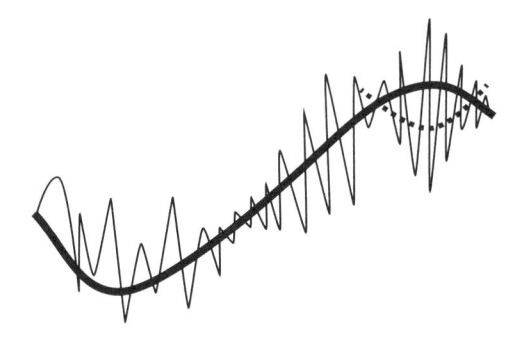

Formado em Administração de Empresas e também em Jornalismo, Ricardo Buonanni acredita que um dos maiores desafios da nossa vida profissional é perceber o momento em que estamos chegando próximos ao ponto de ruptura para poder executá-lo.

Diretor de Recursos Humanos da extinta Companhia Municipal de Transportes Coletivos (CMTC) da prefeitura de São Paulo, entre 1989 e 1992, e secretário nacional de Recursos Humanos convidado do então Ministério da Administração do Governo Federal em 1993, ele conta que se planejou por mais de um ano para aproveitar o aprendizado que havia adquirido em órgãos públicos e aplicá-los na área da educação.

"Eu sabia que as possibilidades de me manter empregado com a mudança de governo eram pequenas e, por isso, fui me programando para trabalhar como autônomo. Fiz contas para saber quantos cursos eu precisaria vender por ano, busquei parcerias para me ajudar com essa parte de vendas e abri minha empresa de treinamentos", lembra.

Aproximando-se dos 70 anos de idade, quando o vigor físico diminui, Ricardo conta que está prestes a fazer um novo ponto de ruptura profissional. "Já adaptei algumas aulas e treinamentos para serem feitos de forma online, o que estenderá um pouco mais minha carreira como professor, e estou há alguns anos investindo em meu canal no YouTube, de onde pretendo passar a receber algum retorno financeiro em breve para complementar minha aposentadoria", conta.

Com mais de 20 mil inscritos no final de 2020, o canal do professor Ricardo Buonanni no YouTube, também conhecido como Projeto Compartilhar,[13] reúne centenas de vídeos com comentários dele sobre livros, filmes, peças de teatro e experiências de vida.

A determinação de Ricardo em se reinventar profissionalmente depois dos 60 anos de idade tem demonstrado resultados positivos. Em 2020, durante o período de distanciamento social relacionado à pandemia de covid-19, ele e sua sócia, Ilíada, foram uns dos primeiros professores a estarem aptos a lecionar a distância na Fundação Vanzolini — instituição privada de ensino superior ligada à Escola Politécnica da USP.

"O avanço da tecnologia tem deixado tudo mais dinâmico, e, por isso, é fundamental não nos acomodarmos. Além de extrair o máximo de aprendizado de cada trabalho, é preciso manter uma rede de contatos sempre ativa e programar-se para o próximo ponto de ruptura. Isso vale para qualquer profissional, incluindo o das áreas sociais", recomenda o especialista.

---

[13] BUONANNI, R. R. *Projeto Compartilhar*. Disponível em: <https://www.youtube.com/c/RicardoBuonanni/featured>.

E você?

Estamos chegando ao fim. Ds três fases principais que o autor Joseph Campbell utiliza para demonstrar o caminho que levamos para nos tornarmos heróis, em qual delas você acredita estar?

Independentemente de quais sejam seus objetivos ao ler este livro, lembre-se de que a vida sempre dá sinais de mudanças, e eles ocorrem seguindo uma espécie de acontecimentos que podem ser vistos como a letra S deitada. Mantenha-se atento(a), não desista de ir atrás dos seus sonhos e prepare-se para o seu próximo ponto de ruptura.

CONCLUSÃO

Como começar a fazer a diferença já?

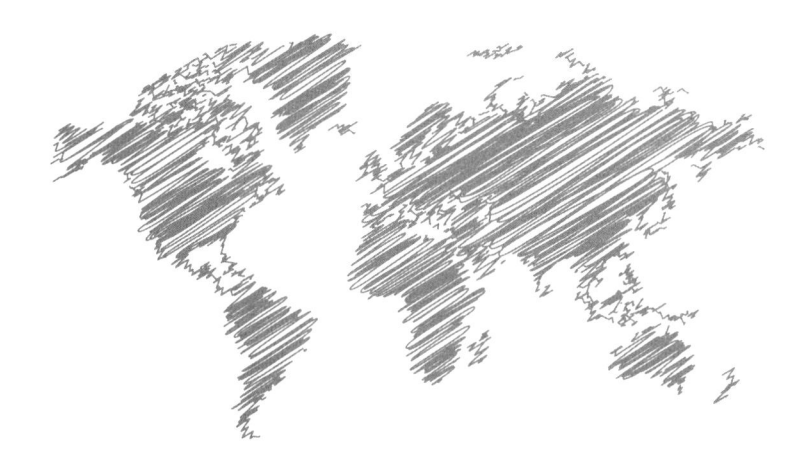

Dez anos após o meu retorno ao Brasil, surge uma nova emergência humanitária internacional: a pandemia da covid-19. Considerada por muitos como a maior instabilidade social da nossa história recente, com potencial de ser ainda mais grave do que as duas guerras mundiais, as consequências econômicas provocadas pelo vírus SARS-CoV-2 podem fazer com que em algumas décadas quase metade da população do planeta passe a viver na pobreza.[1]

---

[1] OXFAM. Dignity not destitution: An 'Economic Rescue Plan For All' to tackle the Coronavirus crisis and rebuild a more equal world, 2020. Disponível em: <https://www.oxfam.org/en/research/dignity-not-destitution>

Assim como a aids, que foi a causa que me levou para a África, a covid-19 agravou ainda mais a situação de diversos conflitos e tragédias que persistem há vários anos ao redor do mundo, como as guerras no Afeganistão, na Síria, no Iêmen e na República Democrática do Congo; a fome no Haiti, em Burkina Faso, no Mali e no Níger; a crise de refugiados em Bangladesh e Myanmar; ou mesmo a desigualdade social, o desemprego e a violência no Brasil.

A solução para todos esses problemas depende, é claro, dos governantes e do suporte das nações mais poderosas do mundo, mas também das nossas próprias ações. Se você estava esperando por algum estímulo especial para ser mais solidário, este é o momento ideal.

Assim como ocorreu após o fim da Segunda Guerra Mundial, quando diversos países se uniram e criaram a ONU para impedir outro conflito como aquele e para promover os direitos humanos universais, estamos passando novamente por um período crucial para a nossa perspectiva de futuro.

O que está em jogo neste momento não é só preservar o planeta que deixaremos para os nossos filhos, netos, sobrinhos e próximas gerações, mas também o que queremos para a nossa vida em sociedade. Aquele sinal de "chamada para a aventura", descrito por Joseph Campbell na Jornada do Herói, tem grandes chances de ser dirigido agora a você.

Se trabalhar com projetos sociais for realmente o seu desejo, desconheço momento mais propício do que o atual! Aproveite todas as orientações, dicas e propostas apresentados neste livro e monte o seu plano de ação. Quando decidi focar minha carreira na cobertura de temas sociais, fiz isso também para sistematizar as minhas atividades de responsabilidade social. Essa tem sido minha grande motivação profissional há vários anos, mas contribuir para um mundo melhor vai muito além.

Você pode começar destinando parte do seu tempo e conhecimento a instituições de caridade ou até mesmo a pessoas do seu convívio. Se preferir, pode doar dinheiro. Muitas organizações humanitárias brasileiras e internacionais estão abertas a pequenas quantias financeiras por mês.

Outras maneiras de ampliar a sua responsabilidade social é passar a doar com frequência alimentos ou parte dos seus pertences, como roupas, calçados e livros, a quem precisa. Há quem diga que, se ficamos mais de um ano sem utilizar algo que está na nossa casa, é porque, provavelmente, isso não nos fará mais falta.

Você também pode se tornar um doador de sangue e plaquetas, apoiar amigos e conhecidos em hábitos saudáveis, ter mais paciência e empatia com as diversidades e procurar se engajar mais sobre os seus meios de consumo. Você sabe de onde vem a sua comida? Como agem os fabricantes dos produtos que você compra? Será que eles se importam com o meio ambiente, com seus funcionários e com a comunidade em que estão inseridos?

Para fazer a diferença no mundo, não é preciso criar projetos e campanhas espetaculares. Se você tiver condições e estruturas para isso, ótimo, vá em frente, mas saiba também que quase todo grande trabalho social começa de forma pequena e vai crescendo aos poucos. Alguns dos maiores humanistas do mundo deram início aos seus legados simplesmente dando mais atenção e carinho ao próximo.

A famosa religiosa brasileira Irmã Dulce, que tinha uma saúde bastante frágil, foi bastante menosprezada quando, aos 13 anos, começou a acolher na sua casa, em Salvador, doentes e moradores em situação de rua. Muitos diziam que aquilo não teria impacto nenhum na enorme pobreza do Nordeste brasileiro. Se fosse hoje, possivelmente ela até seria chamada de "pirralha", mas suas obras sociais foram crescendo e atualmente abrigam um dos maiores complexos de saúde do Brasil, com mais de 2 mil pessoas atendidas por dia e cerca de 3,5 milhões de procedimentos ambulatoriais realizados por ano.[2]

---

[2] Obras Sociais Irmã Dulce. Disponível em: <https://www.irmadulce.org.br/portugues/institucional/a-osid-hoje>

Em novembro de 2009, quando eu morava em Moçambique, a Assembleia Geral das Nações Unidas criou o Dia Internacional Nelson Mandela, celebrado em 18 de julho, data do aniversário de Madiba. A homenagem sugere que cada cidadão do mundo dedique ao longo desse dia, simbolicamente, 67 minutos de seu tempo a um serviço social, em memória aos 67 anos da luta de Mandela pela igualdade racial. Eu, que costumo me dar bem com metas exequíveis, logo aderi à campanha e desde então tenho buscado fazer algum tipo de ação diferente em todos os dias 18 de julho.

Gostaria de finalizar este livro propondo que você também tente dedicar apenas cerca de uma hora da sua semana para alguma causa humanitária, nem que seja procurando uma associação para ajudar ou planejando como será sua primeira experiência na área social.

A ideia do projeto **Pra fazer a diferença** surgiu assim, quando me propus a pensar semanalmente como eu poderia continuar contribuindo aqui do Brasil para que as ações sociais ganhassem cada vez mais adeptos. Essa é a forma pela qual hoje tenho buscado contribuir para fazer a diferença na vida de outras pessoas. E a sua forma, qual é?

> *"Homens e mulheres que lutam contra a supressão da voz humana, contra doenças, contra o analfabetismo, contra a ignorância, contra a pobreza e contra a fome. Alguns são conhecidos e outros não.*
> *São essas as pessoas que me inspiram."*

Nelson Rolihlahla Mandela
Londres, 6 de abril de 2000

Índice

A

Absolute Return for Kids (Ark), 75
abuso sexual na adolescência, 178
Adam Braun, empresário, 66
adaptação a novas culturas, 208
Afate Gniko, geógrafo, 221
Agência
　da ONU para Refugiados
　　(ACNUR), 208
　de Notícias
　　da Aids, 7
　　dos Direitos da Infância
　　　(Andi), 53
agências humanitárias, 192
Agenda 2030, 18, 87
Alto Comissários das Nações Unidas
　para os Direitos
　Humanos (EACDH), 111
altruísmo, 40–41
ambientar-se em lugares hostis, 154
Antônio Ermírio de Moraes, ex-
　presidente do Grupo Votorantim, 19
apartheid, 27–28, 84, 150

Assessoria de Assuntos Internacionais em
　Saúde (AISA), 76
assistencialismo, 62
Associação
　Brasileira de Captadores de Recursos
　　(ABCR), 38
　Nacional para o Desenvolvimento
　　Humanitário (ANADHU), 35
　Portuguesa de Apoio à Vítima (APAV),
　　101
Augusto Boal, autor, 11
au pair, programa de intercâmbio, 208
autoridades sanitárias, 205

B

Bertolt Brecht, autor, 11

C

campo
　de concentração, 53
　de refugiados de Bambasi, 60
capitalismo tradicional, 21
capulanas, 30

Central Internacional para Cuidados e Tratamento da Aids da Universidade de Columbia (ICAP), 32

Centre for Education and Voluntary Action (CEVA), 140

Centro
  de Informação das Nações Unidas para o Brasil, 221
  de Informática da Universidade Eduardo Mondlane (Ciuem), 200

Chifre da África, região, 181

cobertura jornalística, 190

Comitê Internacional da Cruz Vermelha, 13

Comunidade dos Países de Língua Portuguesa (CPLP), 100–101, 110

Confúcio, filósofo chinês, 2

Conselho
  de Segurança das Nações Unidas, 122
  Nacional de Combate ao HIV e SIDA (CNCS), 98, 175

constelação sistêmica, 207–208

Constituição de 1988, 14

contatos profissionais, 204

contenção de danos, xiv

coquetel antiaids, 31

crise longe de casa, 159

cultura e costumes locais, 200

curva S de crescimento ou transformação, 222–223

D

dez atividades que ajudam no processo de readaptaçãi, 210

Dia Mundial de Luta contra a Aids, 192

diferenças culturais e religiosas, 113

diminuição de desigualdades, xiv

direitos das pessoas infectadas, 193

E

empatia, 37

Escola
  de Comunicação e Artes da Universidade de São Paulo (ECA-USP), 213
  da Universidade pública Eduardo Mondlane (UEM), 191

escotismo, 73

Escritório das Nações Unidas para a Coordenação de Assuntos Humanitários (OCHA), 8

estado de mal epiléptico, 41

estigma e a discriminação, 190

exclusão social, 94

F

falso nacionalismo, 63

ferida do retorno, síndrome, 5, 207, 209

Fidel Castro, 157

fim do Império, 14

Forças Armadas Revolucionárias da Colômbia (FARC), 107

formadores de opinião, 192

Fórum Nacional das Rádios Comunitárias, 193

Francisco Chimoio, arsebispo moçambicano, 173

Frente de Libertação de Moçambique (FRELIMO), 83–84

Fundação

    Bernard van Leer, 214

    Thomson Reuters, 221

Fundo

    das Nações Unidas para a Infância (Unicef), 35, 108, 175, 214

    de População das Nações Unidas (FNUAP), 62, 221

    Global de Luta contra AIDS, Tuberculose e Malária, 134

G

Gay Men's Health Crisis (GMHC), 52

George

    Orwell, escritor, 11

    W. Bush, ex-presidente norte-americano, 11

Grupo

    de Apoio à Prevenção à Aids (Gapa), 51

    de Incentivo à Vida (GIV), 74

Guerra Fria, 83

H

Humana People to People, organização dinamarquesa, 77–78

I

Índice

    de Desenvolvimento Humano (IDH), 65, 99

    Mundial de Solidariedade, 38–39

instabilidade alimentar, 29

instituições humanitárias, 141

Instituto

    Brasileiro de Geografia e Estatística (IBGE), 15

    de Desenvolvimento de Excelência Pessoal e Empresarial (Indepe), 218

    de Pesquisas Econômicas Aplicadas (IPEA), 15

    de Responsabilidade Social Sírio-Libanês (IRSSL), 214

Doar, 118
Israelita de Ensino e Pesquisa Albert Einstein (IIEP), 214
para o Desenvolvimento do Investimento Social (IDIS), 39, 141, 152, 217
Universitário de Lisboa (ISCTE-IUL), 222
Irmã Dulce, religiosa, 231

J

John Martin Leonard, pesquisador, 55
jornada do herói, 218–219, 230
Joseph Campbell, antropólogo, 218, 227

L

lideranças indígenas, 215
Lord's Resistance Army, guerrilha, 61
Luiz Inácio Lula da Silva, ex-presidente do Brasil, 200
luta pelos direitos humanos, 10

M

madjonidjoni, 170
malária, 156–157, 178
Mapa das Organizações da Sociedade Civil, 15–16
medicamentos antirretrovirais, 26

Médicos Sem Fronteiras (MSF), 11, 74, 93, 136, 154, 194
Mia Couto, escritor, 29
mielite, 57
Ministério da Saúde, 206
multilinguismo, 103

N

Nelson Mandela, ex-presidente sul-africano, 1–2, 157

O

Objetivos de Desenvolvimento Sustentável (ODS), 88–90
Oduvaldo Vianna Filho, autor, 11
ordem "20 24", 162
Organização
 das Nações Unidas, 89
 para a Educação, a Ciência e a Cultura (Unesco), 54, 208
 site de anúncios de empregos da, 91
 Mundial da Saúde (OMS), 109
organizações humanitárias, 205

P

pandemia da covid-19, 38–39, 86, 108, 215
Parada do Orgulho LGBT, 56
parteiras tradicionais, 215

perda da cumplicidade, 209
pessoas que violam os direitos humanos, 184
pitakufa, ritual, 34–35, 37
planejamento familiar, 78
poligamia, 205
ponto de ruptura e transformação, 224
Population Services International (PSI), 78
processo
   de readaptação, 210
   Hoffman, 42
Programa
   Conjunto das Nações Unidas para o HIV e Aids (Unaids), 109, 191
   Nacional de Incentivo ao Voluntariado, 13
Programas na Comissão Econômica para a América Latina e o Caribe (CEPAL), 91
projetos de impacto social, 2
psicologia intercultural, 208

R

rainha de Sabá, 182
rede
   Nacional de Pessoas Vivendo com HIV e Sida, 193
   pública de saúde, 215
rei Salomão, 182
relações sexuais sem preservativo, 171
Resistência Nacional Moçambicana (RENAMO), 84–85
Rodovia Transamazônica, 215
Roseli Tardelli, jornalista, 49–50, 61

S

Segunda Guerra Mundial, 104, 208, 230
Segundo Plano Estratégico Nacional de Resposta ao HIV e SIDA, 190
sistema
   ONU, 16–17
   Único de Saúde (SUS), 119
Sociedade
   Brasileira de Oncologia Clínica (SBOC), 215
   Moçambicana de Medicamentos, 31
Solidarité Sida, associação francesa, 74
suporte financeiro, 118

T

tatuar todas as pessoas vivendo com HIV, 205
Teodoro Obiang Nguema Mbasogo, presidente da Guiné Equatorial, 100
terceiro setor, 14–15, 64, 215
testagem para o HIV, 171
trabalho voluntário, 15

travessia do limiar de retorno, 219

treinamento cultural, 210

três virtudes básicas, 182

U

Umhlanga Annual Reed Dance, evento, 205

Universidade da Cidade do Cabo, 221

V

violência urbana, 174

voluntarismo, 80

Y

YouTube, 226

Z

Zilda Arns Neumann, fundadora da Pastoral da Criança, 72

Projetos corporativos e edições personalizadas
dentro da sua estratégia de negócio. Já pensou nisso?

Coordenação de Eventos
Viviane Paiva
viviane@altabooks.com.br

Assistente Comercial
Fillipe Amorim
vendas.corporativas@altabooks.com.br

A Alta Books tem criado experiências incríveis no meio corporativo. Com a crescente implementação da educação corporativa nas empresas, o livro entra como uma importante fonte de conhecimento. Com atendimento personalizado, conseguimos identificar as principais necessidades, e criar uma seleção de livros que podem ser utilizados de diversas maneiras, como por exemplo, para fortalecer relacionamento com suas equipes/ seus clientes. Você já utilizou o livro para alguma ação estratégica na sua empresa?

Entre em contato com nosso time para entender melhor as possibilidades de personalização e incentivo ao desenvolvimento pessoal e profissional.

PUBLIQUE SEU LIVRO

Publique seu livro com a Alta Books. Para mais informações envie um e-mail para: autoria@altabooks.com.br

/altabooks /alta-books /altabooks /altabooks

CONHEÇA OUTROS LIVROS DA **ALTA BOOKS**

Todas as imagens são meramente ilustrativas.

ALTA LIFE ALTA NOVEL ALTA CULT EDITORA
ALTA BOOKS EDITORA alta club

Este livro foi impresso nas oficinas gráficas da Editora Vozes Ltda.,
Rua Frei Luís, 100 – Petrópolis, RJ.